グラフ理論入門
基本とアルゴリズム

宮崎 修一 著

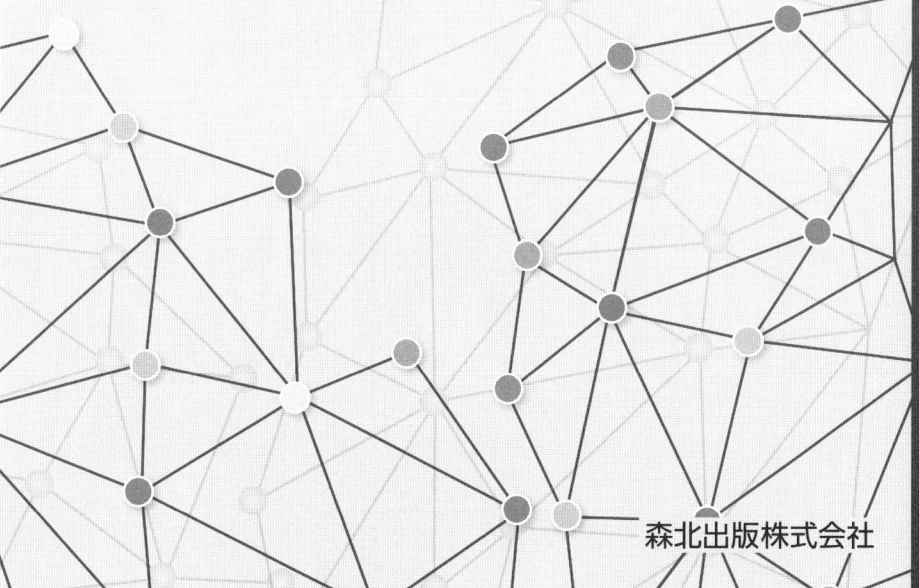

森北出版株式会社

● 本書のサポート情報を当社Webサイトに掲載する場合があります．下記のURLにアクセスし，サポートの案内をご覧ください．

https://www.morikita.co.jp/support/

● 本書の内容に関するご質問は，森北出版 出版部「(書名を明記)」係宛に書面にて，もしくは下記のe-mailアドレスまでお願いします．なお，電話でのご質問には応じかねますので，あらかじめご了承ください．

editor@morikita.co.jp

● 本書により得られた情報の使用から生じるいかなる損害についても，当社および本書の著者は責任を負わないものとします．

■ 本書に記載している製品名，商標および登録商標は，各権利者に帰属します．

■ 本書を無断で複写複製（電子化を含む）することは，著作権法上での例外を除き，禁じられています．複写される場合は，そのつど事前に（一社）出版者著作権管理機構（電話03-5244-5088, FAX03-5244-5089, e-mail：info@jcopy.or.jp）の許諾を得てください．また本書を代行業者等の第三者に依頼してスキャンやデジタル化することは，たとえ個人や家庭内での利用であっても一切認められておりません．

まえがき

　グラフ理論は離散数学の一分野として理論的な奥深さをもつ一方，スケジュール作成，ネットワーク設計，経路探索など，実世界のさまざまな問題を計算機を利用して解くための道具としての，実用的な一面ももち合わせている．本書は，グラフ理論をこれから学ぼうとする人々を主な対象とした入門書である．

　本書は，筆者が平成 24 年度から京都大学工学部の学部生を対象に行っている講義「グラフ理論」の内容をまとめたものである．講義の立ち上げに際して，既存の教科書に沿うのではなく，筆者独自の観点から情報処理分野にとって重要と考えられるトピックを選定した．必要な概念はすべて講義の中でカバーし，教科書がなくとも学習できるように工夫したつもりであるが，それでも自学自習のためには対応する教科書が欲しいという学生からの要望も少なくなかった．これが本書を執筆するに至った動機である．

　一般に，学習の最初のステップとしては，まず具体例から入るのが基本である．そのため本書では，厳密性を多少犠牲にしても，できるだけ例を用いてわかりやすさを優先するよう努めた．たとえば，任意のグラフに対して成り立つ定理は本来一般的に証明すべきであるが，それでは難解であると判断した場合には具体例を用いて証明を記述した．また，アルゴリズムの記述についても，正確を期するには擬似コードで記載すべきであろうが，むしろ例に対する動作を説明することにより理解を促した．入門書という立場上，このように導入部分に重きを置くことが本書の役割と考え，より厳密な議論に関しては，より専門的な教科書に譲ることにした．また，本文の途中に演習問題をちりばめた．これらの問題の中には定理の形で書いてもよさそうなものもあるが，解きながら読み進めることで，できるだけ能動的に学習してもらえるよう，この形態をとった．なお，本文中でいちいち断ってはいないが，本書で紹介している定理，証明，アルゴリズムなどは筆者のオリジナルではなく，既存のグラフ理論の教

科書を参考にしている（ただし，上述したように，その説明方法については，わかりやすくなるよう工夫を施したつもりである）．

　本書の完成のためには多くの方にお世話になった．まず，上述した講義「グラフ理論」を行う機会を与えて頂いた，京都大学情報学研究科の岩間一雄教授に感謝したい．岩間教授は筆者の指導教員でもあり，学生時代及び学位取得後も，長きに渡ってご指導頂いた．この場をお借りして，感謝の意を表したい．また，講義の前任者である電気通信大学の伊藤大雄教授には，講義立ち上げの際に，先生がお使いになっていた教材を参考資料として御提供頂いた．おかげで，講義及び本書をより充実した内容に仕上げることができたと考えている．京都大学情報学研究科，元修士課程学生の楠本充氏および酒井隆行氏には，ティーチングアシスタントとして講義をサポートして頂いた．本書に掲載した章末問題のいくつかは，彼らが受講生のために作ってくれた演習問題に基づいている．最後に，森北出版株式会社の富井晃氏および田中芳実氏に感謝したい．富井氏には本書出版のご提案を頂き，また構想段階では構成に関するアドバイスを幾度となく頂いた．田中氏には編集・校正の段階で原稿を細かくチェックして頂き，とくに図や文章表現についてのご提案をいくつも頂いた．おかげで本書の読みやすさが格段に向上したものと考えている．

2015 年 4 月

宮崎修一

も く じ

1 章　グラフの基礎　　　　　　　　　　　　　　　　　　　　1
1.1　グラフとは　　1
1.2　グラフの表現　　4
1.3　その他の用語　　7
1.4　特別なグラフ　　13
1.5　グラフの次数列　　19
章末問題　　23

2 章　最小全域木　　　　　　　　　　　　　　　　　　　　　25
2.1　最小全域木とは　　25
2.2　クラスカルのアルゴリズム　　27
2.3　プリムのアルゴリズム　　30
2.4　最小シュタイナー木問題　　31
章末問題　　33

3 章　最短経路問題　　　　　　　　　　　　　　　　　　　　34
3.1　最短経路問題　　34
3.2　ダイクストラのアルゴリズム　　35
章末問題　　39

4 章　オイラー回路とハミルトン閉路　　　　　　　　　　　　40
4.1　定　義　　40
4.2　オイラー回路　　42
4.3　ハミルトン閉路　　45
章末問題　　48

5 章　グラフの彩色　　　　　　　　　　　　　　　　　　　　49
5.1　頂点彩色　　49

5.2 辺彩色　　59
章末問題　　63

6 章　　最大流問題　　64
6.1 最大流問題　　64
6.2 フォード−ファルカーソン法　　67
6.3 最大フロー・最小カットの定理　　73
章末問題　　74

7 章　　マッチング　　76
7.1 マッチング　　76
7.2 2部グラフ上のマッチング　　78
7.3 ハンガリー法　　82
7.4 最大フロー問題を使った解法　　87
章末問題　　89

章末問題の解答　　90
さくいん　　97

1章 グラフの基礎

本章ではグラフの基礎について述べる．1.1 節でグラフの基本概念を述べた後，1.2 節でグラフの正式な定義を述べる．同じグラフでも，異なる表現方法がある．1.2 節では，グラフのいくつかの表現方法を見る．また，1.3 節ではグラフの基本的な用語，基本的な性質について述べる．1.4 節では，特別な形状をしたグラフを見ていく．最後に 1.5 節で，グラフの次数列に触れる．

1.1 グラフとは

グラフ (graph) という言葉を聞くと，棒グラフや円グラフ，または関数 $y = f(x)$ を xy 平面上に描いた図を思い浮かべる人が多いであろう．しかし，離散数学や情報分野で単に「グラフ」というと，いくつかの点と，二つの点を繋ぐ線からなるものを意味する (図 1.1 参照)．

点のことを**頂点**または**節点** (vertex) とよび，線のことを**枝**または**辺** (edge) とよぶ．このテキストでは「頂点」と「枝」を使用する．同じ頂点ペアを繋ぐ複数

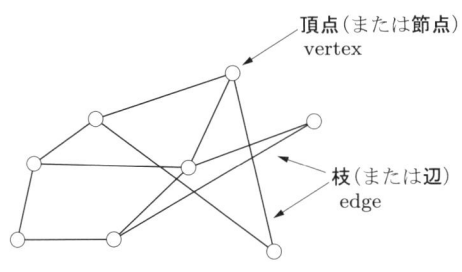

図 1.1　グラフ

2　1章　グラフの基礎

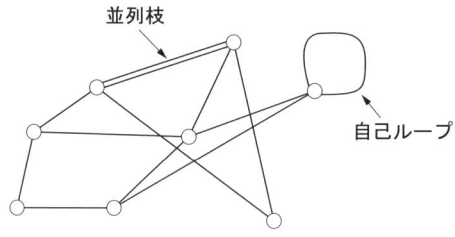

図 1.2　単純グラフでないグラフ

の枝を**並列枝** (parallel edge)，同じ頂点を結ぶ枝を**自己ループ** (self-loop) とよぶ (図 1.2 参照). 並列枝も自己ループももたないグラフを**単純グラフ** (simple graph) とよぶ. 一般には，並列枝や自己ループをもつグラフを扱う場合があるが，本書では断らない限り単純グラフを取り扱う.

グラフは，全体が繋がっていなくてもよい (図 1.3 参照). また，どの頂点とも繋がっていない頂点 (これを**孤立頂点** (isolated vertex) とよぶ) があってもよい. このように，全体が繋がっていないグラフを**非連結グラフ** (disconnected graph) とよぶ. これに対して，図 1.1 のように全体が繋がったグラフを**連結グラフ** (connected graph) という. (「連結」と「非連結」の正確な定義は 9 ページに述べる.) 連結である極大な部分を**連結成分** (connected component) という. 図 1.3 のグラフは三つの連結成分をもっている.

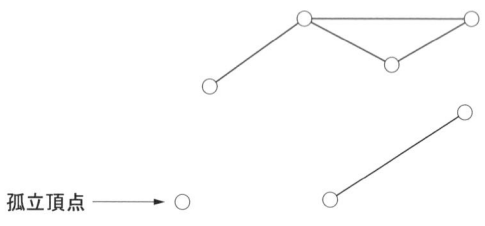

図 1.3　非連結グラフ

グラフでは，二つの頂点が繋がっているかいないかのみが重要であり，平面上にどう描画されているかは重要ではない. (描画が重要な場合もあるが，それは後で述べる.) たとえば，図 1.4 の二つのグラフは，見た目は異なるが本質的に同じグラフである. このような二つのグラフは**同型** (isomorphic) であると

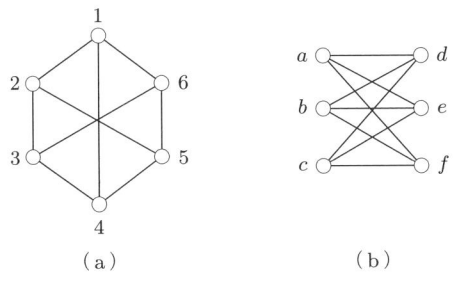

図 1.4　同型な二つのグラフ

いう (「同型」の定義は 13 ページで述べる).

- 問題 1.1

図 1.4 の二つのグラフの頂点をどのように対応させると, 同じグラフだとみなすことができるか.

- 解答 1.1

左のグラフの頂点 1, 2, 3, 4, 5, 6 をそれぞれ, 右のグラフの頂点 a, d, b, e, c, f に対応させればよい.

グラフは, 世の中のさまざまな構造を表現できるため便利である. たとえば各人に対して頂点を作り, 仲の良い 2 人 (に対応する 2 頂点) を枝で結ぶと, 仲良し関係を表現するグラフが得られる. 別の例として, 駅に対して頂点を用意し, となり合う二つの駅を枝で結ぶと, 路線図を表すグラフが得られる. また, コンピュータネットワーク上のルータやスイッチを頂点にし, リンクで直接結ばれているルータ間に枝を張ると, ネットワークの物理構成を表現するグラフが得られる.

ここまでは, グラフは二つの頂点が繋がっているかいないか (すなわち, 二つの事柄に関係があるかないか) のみを表現してきた. しかし, 繋がっている場合, どの程度の関係性があるのかを表したい場合もある. たとえば, 仲良し関係では「どの程度仲が良いのか」, 路線図では「二つの駅はどのくらい離れているのか」, ネットワークでは「二つのルータ間の帯域はいくらか」などである. これに用いられるのが**重み付きグラフ** (weighted graph) (図 1.5 (a)) で

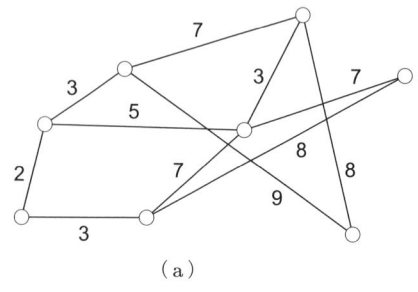
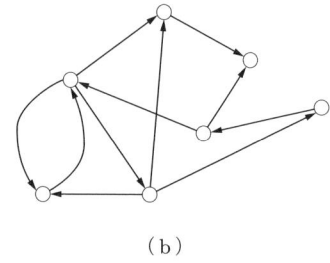

(a) (b)

図 1.5 重み付きグラフと有向グラフ

ある．これは，グラフの各枝に非負整数を付随させるもので，この値を枝の**重み** (weight) という．なお，重みとして負の数を割りあてる場合もある．また，頂点の重要度を表したい場合には，頂点に重みを付ける場合もある．重みが枝に付いている場合と頂点に付いている場合とを区別する必要があるときは，**枝重み付きグラフ** (edge-weighted graph)，**頂点重み付きグラフ** (vertex-weighted graph) という言葉を使う．本書では主に枝重み付きグラフを扱うので，とくに断らない限り，単に「重み付きグラフ」というときは，枝重み付きグラフを意味する．

また，二つの事柄の関係に方向性がある場合もある．たとえば頂点を Web ページとし，あるページから他のページにリンクが存在するとき，その二つのページ間に枝を張ってグラフを作るとする．このとき，枝のある二つのページ間にリンクがあることはわかるが，リンクの向きの情報が失われてしまう．このとき便利なのが，枝に向きをもたせる**有向グラフ** (directed graph) (図 1.5 (b) 参照) である．これに対して，これまで取り扱ってきたグラフを**無向グラフ** (undirected graph) という．本書ではとくに断らない限り，グラフは無向グラフを意味する．

1.2 グラフの表現

ここでは，グラフの形式的な定義と，グラフの表現方法を与える．グラフは $G = (V, E)$ で表される．V は頂点の集合，E は枝の集合である．たとえば

図 1.6 のグラフは $V_1 = \{1, 2, 3, 4\}$, $E_1 = \{a, b, c, d, e\}$ として $G_1 = (V_1, E_1)$ となる．また，枝は名前（この例では b や d など）で表される場合もあるし，頂点の対として表される場合もある．たとえば，枝 c は頂点 1 と 3 を繋ぐため，枝 c を $(1, 3)$ とも書く．これを明示するため，$c = (1, 3)$ という書き方もする．なお，無向グラフは頂点の順番には意味がなく，枝は二つの頂点からなる集合として定義されるため，正確には「$c = \{1, 3\}$」と書くべきであるが，慣習により「$c = (1, 3)$」を使う．また，一般に，頂点は v_1, v_2, 枝は e_1, e_2 のように，v や e に添字を付けて表現されることが多い．ただし，見やすさのため，本書では混乱が生じない場合，頂点や枝を上述のように 1, 2 や a, b などの記号を用いて表すこともある．また，必要のない場合には頂点や枝の名前を省略することもある．

通常，グラフの頂点数を表すのに n を，枝数を表すのに m を用いる．すなわち，$G = (V, E)$ とすると $n = |V|$, $m = |E|$ である．図 1.6 のグラフの場合は $n = 4$, $m = 5$ である．

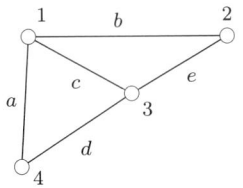

図 1.6　グラフ G_1

枝で繋がれた二つの頂点は**隣接している** (adjacent) という．たとえば図 1.6 の G_1 では，頂点 1 と 3 は隣接している．また，枝と，その片方の端点である頂点は**接続している** (incident) という．たとえば図 1.6 の G_1 では，頂点 1 と枝 c は接続している．

有向グラフの場合は，枝はとくに**有向枝** (directed edge) または**弧** (arc) とよぶ．弧を (u, v) と書いた場合は，u から v の向きに方向が付いているものとする．したがって，(u, v) と (v, u) は異なる弧である．また，無向グラフは通常 $G = (V, E)$ と表すと上で書いたが，有向グラフの場合は $D = (V, A)$ と表されることが多い（D は directed graph の，A は arc の頭文字を取っている）．

1章 グラフの基礎

図1.7 グラフ G_1 の隣接行列，接続行列，隣接リスト

グラフを計算機内で表現する方法として，主なものに**隣接行列** (adjacency matrix)，**接続行列** (incidence matrix)，**隣接リスト** (adjacency list) がある．図1.6 の G_1 に対する隣接行列，接続行列，隣接リストを図1.7 に示す．

n 頂点のグラフ G に対する**隣接行列**は $n \times n$ 行列であり，各行各列は頂点に対応している．G で i 番目の頂点と j 番目の頂点が隣接しているとき，隣接行列の (i,j) 成分は 1 であり，隣接していないとき，(i,j) 成分は 0 である．定義より，隣接行列は対称行列である．

n 頂点 m 枝のグラフ G に対する**接続行列**は $n \times m$ 行列であり，各行は頂点に，各列は枝に対応している．G で i 番目の頂点と j 番目の枝が接続しているとき行列の (i,j) 成分は 1 であり，そうでないとき (i,j) 成分は 0 である．定義より，接続行列の各列はちょうど 2 個の 1 を含む．

隣接リストは，頂点を起点として，それに接続する枝を任意の順番で繋げたリスト構造である．たとえば，ある頂点に繋がっている枝をすべて調べるとき，隣接行列や接続行列では，その頂点に対応する行をすべてチェックしなければならないため，n や m に比例した時間がかかる．一方隣接リストだと，実際に繋がっている枝数分だけで済むというメリットがある．

なお，重み付きグラフの隣接行列は，枝に対応する成分に 1 をもつ代わりに，その枝の重みをもつものである (図1.8 参照)．

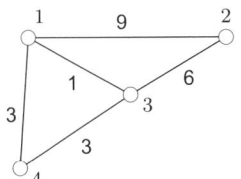

図 1.8 重み付きグラフの隣接行列

1.3 その他の用語

頂点 v に接続する枝の数を頂点 v の **次数** (degree) といい，$d(v)$ と書く．たとえば図 1.6 のグラフ G_1 において，頂点 4 の次数は 2 である．孤立頂点の次数は 0 である．グラフ G のすべての頂点の次数の中で最大のものを，グラフ G の次数といい，$\Delta(G)$ で表す．図 1.6 の G_1 の次数は 3，すなわち $\Delta(G_1) = 3$ である．なお，頂点 v を含む複数のグラフを考慮しており，グラフによって v の次数が異なる場合には，どのグラフにおける v の次数を議論しているのかを明確にする必要がある．その場合は，「グラフ G における v の次数」ということを明確にするために $d_G(v)$ と書く．

● 問題 1.2 ●

任意のグラフにおいて，すべての頂点の次数の和が偶数になることを示せ．

● 解答 1.2

枝 (u,v) は，u の次数に +1，v の次数に +1 を与えている．したがって，すべての頂点の次数を足し合わせると枝数の 2 倍になるため偶数である．

本質的には同じであるが，以下のように考えることもできる．接続行列の行の 1 の総数は，その行に対応する頂点の次数となる．したがって，接続行列の 1 の総数が全頂点の次数和になる．一方，各列はちょうど 2 個の 1 を含むので，その値は偶数である．

ちなみにこれを **握手定理** という．パーティーの参加者を頂点とみなし，パーティー中に握手をした 2 人の間に枝を張ったグラフを考えると，参加者全員の握手回数の合計が偶数になることからきている．

グラフの**歩道** (walk) とは，頂点と枝が交互に並んだ列であり，最初と最後は頂点である．また，連続して現れる頂点と枝は接続している．たとえば図 1.6 のグラフ G_1 において，$2b1c3e2e3d4$ は歩道である (図 1.9 参照)．直感的には，ある頂点から出発して，頂点と枝をたどりながらどこかの頂点にたどり着く経路を表していると考えればよい．なお，同じ頂点や同じ枝を複数回通ることを許す．歩道の**長さ** (length) とは，その歩道に含まれる枝の数で，同じ枝が複数回現れる場合はそのつど数える．たとえば，上で例として挙げた歩道 $2b1c3e2e3d4$ の長さは 5 である．

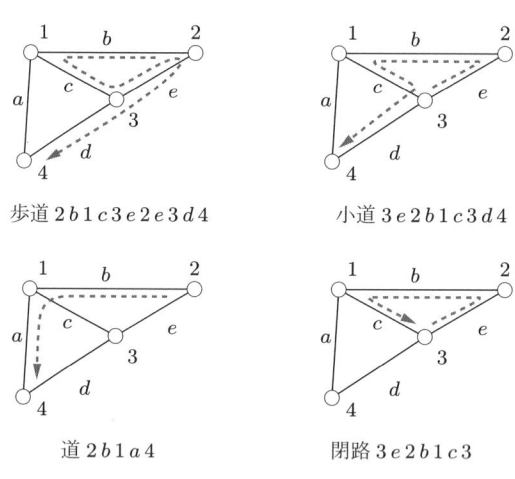

図 **1.9** グラフ G_1 の歩道，小道，道，閉路

グラフの**小道** (trail) とは，同じ枝が 2 度以上現れない歩道である．ただし，同じ頂点は複数回現れてよい．たとえば $3e2b1c3d4$ は G_1 の歩道である．グラフの**回路** (circuit) とは，最初と最後の頂点が同じ小道である．グラフの**道** (path) とは，同じ頂点が 2 度以上現れない小道である．ただし，最初と最後の頂点は同じであってよい．たとえば $2b1a4$ は G_1 の道である．グラフの**閉路** (cycle) とは，最初と最後が同じ頂点である道である．たとえば $3e2b1c3$ は G_1 の閉路である．定義より，小道は歩道の特別な場合であり，道は小道の特別な場合であり，閉路は道の特別な場合である．また，回路は小道の特別な場合であり，閉路は回路の特別な場合である．道であり，かつ回路であるものが閉路

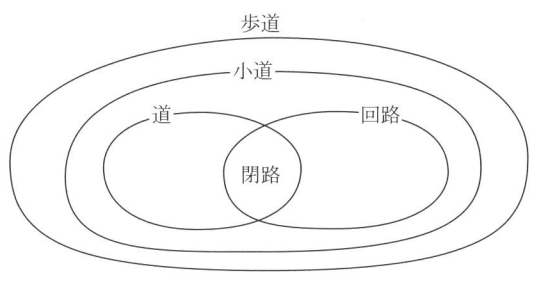

図 1.10

である (図 1.10 参照).

上記の定義において，歩道等は頂点と枝の列であったが，表現を簡潔にするために枝を省略する場合もある．たとえば，歩道 $2b1c3e2e3d4$ を 213234 と書くこともある．

道の定義ができたので，前述したグラフの連結性について正式に定義しよう．グラフ G の任意の 2 頂点ペア u, v について，u と v を両端点とする道が存在するとき，G は **連結** (connected) であるという．そうでないとき，G は **非連結** (disconnected) であるという．

● 問題 1.3 ●

グラフ G のすべての頂点の次数が 2 以上ならば，G は閉路をもつことを示せ．

● 解答 1.3 ●

任意の 1 頂点 (v_1 とする) から出発し，グラフの枝をたどっていく．v_1 の次数は 2 以上なので，隣接する頂点がある．それを v_2 とする．v_2 の次数は 2 以上なので，v_1 以外に隣接する頂点がある．それを v_3 とする．これを続けていくと，同じ枝を通らずにグラフをたどることができる．頂点数は有限なので，いずれかの時点で，すでに通った頂点 v_i に再びたどり着く．この v_i を出発点として，今と同じ経路をたどると v_i に戻ってくる．すなわち閉路が得られた．

枝重み付きグラフの場合，歩道の長さは，その歩道に含まれる「枝の本数」ではなく「枝の重みの総和」で定義される．枝の重みを，その枝を通過するのにかかる時間だと考えると，歩道の長さはその歩道に沿って移動するのにかか

る総時間だと考えられる．

二つの頂点 u と v の**距離** (distance) とは，u と v を両端とする道のうち，最短のものの長さであり，$d(u,v)$ で表す．たとえば図 1.6 のグラフ G_1 において，頂点 2 と 4 の距離は 2 である．なお，非連結なグラフにおいて，u から v への道が存在しない場合は，u と v の距離は無限大 (∞) と定義する．長さと距離は似た概念であるが，長さは歩道に対して定義されるのに対し，距離は頂点対に対して定義されることに注意して欲しい．

隣接行列の階乗について，以下の定理 1.1 が成り立つ．なお，定理 1.1 では，隣接行列の i 行目，i 列目に対応する頂点を v_i としている．

定理 1.1

グラフ G の隣接行列を A とする．A^k の (i,j) 成分は，G 上で頂点 v_i から頂点 v_j へ至る長さ k の異なる歩道の数である．

証明を見る前に，例で確かめよう．図 1.6 のグラフ G_1 の隣接行列を A_1 とすると，

$$A_1 = \begin{pmatrix} 0 & 1 & 1 & 1 \\ 1 & 0 & 1 & 0 \\ 1 & 1 & 0 & 1 \\ 1 & 0 & 1 & 0 \end{pmatrix}, \quad (A_1)^2 = \begin{pmatrix} 3 & 1 & 2 & 1 \\ 1 & 2 & 1 & 2 \\ 2 & 1 & 3 & 1 \\ 1 & 2 & 1 & 2 \end{pmatrix},$$

$$(A_1)^3 = \begin{pmatrix} 4 & 5 & 5 & 5 \\ 5 & 2 & 5 & 2 \\ 5 & 5 & 4 & 5 \\ 5 & 2 & 5 & 2 \end{pmatrix}$$

となる．たとえば $(A_1)^2$ の $(2,4)$ 成分は 2 であるが，これは歩道 $2b1a4$ と $2e3d4$ に対応している．また，たとえば $(A_1)^2$ の $(1,1)$ 成分は 3 であるが，これは歩道 $1b2b1$，$1c3c1$，$1a4a1$ に対応している．

問題 1.4

$(A_1)^3$ の $(1,2)$ 成分が 5 であるが，これに対応する五つの歩道を列挙せよ．

解答 1.4

$1b2b1b2$, $1b2e3e2$, $1a4d3e2$, $1c3c1b2$, $1a4a1b2$.

証明 1.1

k についての帰納法で示す．$k=1$ のときは，隣接行列の定義より成り立つ．すなわち，A の (i,j) 成分が 1 であれば，頂点 v_i と v_j の間に枝があるので，v_i から v_j への長さ 1 の歩道は 1 個である．A の (i,j) 成分が 0 であれば，頂点 v_i と v_j の間に枝がないので，v_i から v_j への長さ 1 の歩道は 0 個である．

つぎに，$k=t$ のとき成り立つと仮定する．すなわち「A^t の (i,j) 成分は，v_i から v_j へ至る長さ t の異なる歩道の数である」ことが成り立っているとする．以下，$k=t+1$ のときも成り立つことを示す．A の (i,j) 成分を $a_{i,j}$，A^t の (i,j) 成分を $x_{i,j}$ とおく．また，A^{t+1} の (i,j) 成分を $y_{i,j}$ とおく．$A^{t+1} = A^t \times A$ を使って $y_{i,j}$ を計算すると，

$$y_{i,j} = \sum_{k=1}^{n} x_{i,k} a_{k,j}$$

となる．$a_{k,j}$ は 0 または 1 なので，上記の和は，$a_{k,j}=1$ である k に対して $x_{i,k}$ を足し合わせていることになる．$a_{k,j}=1$ であれば，「v_i から v_k への長さ t の歩道」は，枝 (v_k, v_j) を使って，「v_i から v_j への長さ $t+1$ の歩道」に延長することができる．仮定より，$x_{i,k}$ は「v_i から v_k までの長さ t の歩道の数」なので，上記の考察より，$x_{i,k} a_{k,j}$ は「v_i から v_j までの長さ $t+1$ の歩道のうち，v_j の直前に v_k を通るものの数」を表す．$a_{k,j}=0$ であれば，そのような歩道の数は 0 である．これをすべての k に対して「漏れなく重複なく」足し合わせているので，$y_{i,j}$ は「v_i から v_j へ至る長さ $t+1$ の歩道の数」となり，題意は証明された． □

グラフ $G=(V,E)$ と $G'=(V',E')$ を考える．$V' \subseteq V$, $E' \subseteq E$ であるとき，G' は G の**部分グラフ** (subgraph) であるという．つまり，G' は G から頂点と枝をいくつか抜き出したグラフである（図 1.11 参照）．ここで，V' と E'

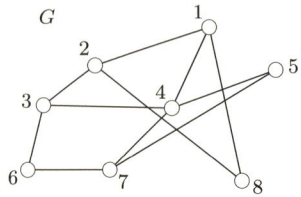 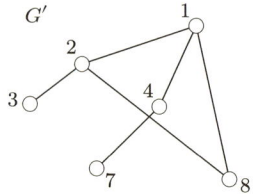

図 1.11　グラフ G とその部分グラフ G'

が，V と E の任意の部分集合ではないことに注意して欲しい．上で「G' はグラフ」と断っている．つまり，枝 (v_i, v_j) が E' に入っているのに頂点 v_i が V' に入っていないことは認めていない．

グラフ $G = (V, E)$ と $V' \subseteq V$ に対して，$E' \subseteq E$ を $E' = \{(u, v) \mid (u, v) \in E, u \in V', v \in V'\}$ と定義する．すなわち，E' はその両端点とも V' に入る枝の集合である．このとき，$G' = (V', E')$ を，V' で誘導される G の**誘導部分グラフ** (induced subgraph) といい，$G' = G[V']$ と書く．

● **問題 1.5** ●

図 1.11 において，G' は G の誘導部分グラフではない．理由を述べよ．

● **解答 1.5**

G には枝 $(3, 4)$ があり，G' は頂点 3 と 4 を両方もつのに，G' は枝 $(3, 4)$ を含んでいないからである．

グラフ $G = (V, E)$ に対して，$\overline{E} = \{(u, v) \mid u \in V, v \in V, (u, v) \notin E\}$ と定義する．このとき，$\overline{G} = (V, \overline{E})$ を G の**補グラフ** (complement graph) という．すなわち，$\overline{G}$ は G と同じ頂点集合をもち，G で枝のあるところには枝をもたず，逆に G で枝のないところに枝をもつグラフである（図 1.12 参照）．

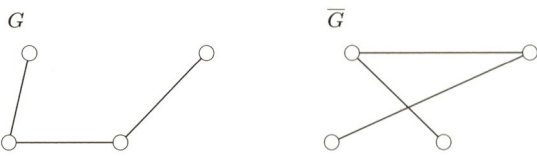

図 1.12　グラフ G とその補グラフ $\overline{G}$

ここで，2ページで述べたグラフの同型性に対する定義を与えよう．二つのグラフ $G_1 = (V_1, E_1)$ と $G_2 = (V_2, E_2)$ に対して，以下の条件を満たす V_1 から V_2 への1対1写像 f が存在するとき，G_1 と G_2 は**同型** (isomorphic) であるという．また，そのような f を**同型写像** (isomorphism) という．

> **条件**：任意の2頂点 $u, v \in V_1$ に対して，$(u, v) \in E_1$ のとき，およびそのときに限り $(f(u), f(v)) \in E_2$ である．

これは，頂点の名前や枝の名前を無視すれば，G_1 と G_2 が全く同じ構造をもったグラフであることを意味する．f が同型写像であれば，G_1 の頂点 v の次数と G_2 の頂点 $f(v)$ の次数は明らかに等しい．

1.4 特別なグラフ

これまで見てきたように，頂点と枝からなるものはすべてグラフである．しかし，中にはある特別な構造をもち，現実世界の対象物を表現する際に有用なものがある．この節では，そのようなグラフを見ていく．

●1.4.1 木●

連結で閉路を含まないグラフを**木** (tree) とよぶ．図 1.13 (a) のグラフは木の例である．図 (b) のグラフは連結であるが閉路を含むので木ではない．図 (c) のグラフは閉路は含まないが非連結なので木ではない．なお，閉路を含まない（連結でなくてもよい）グラフを**森** (forest) という．森は木が集まったものと考えることができる．なお定義より，木は森の特別な場合である．木の中で，次数 1 の頂点を**葉** (leaf) という（図 1.13 (a)）．グラフは通常 G と表記されるが，木の場合は tree の頭文字をとって T と表記されることが多い．

●**問題 1.6**●

頂点を二つ以上もつ木には，少なくとも一つ葉が存在することを示せ．

●**解答 1.6**

葉が存在しないとすると，すべての頂点の次数は 0 または 2 以上である．頂点数が 2 以上なので，次数 0 の頂点があればグラフは非連結なので木ではない．す

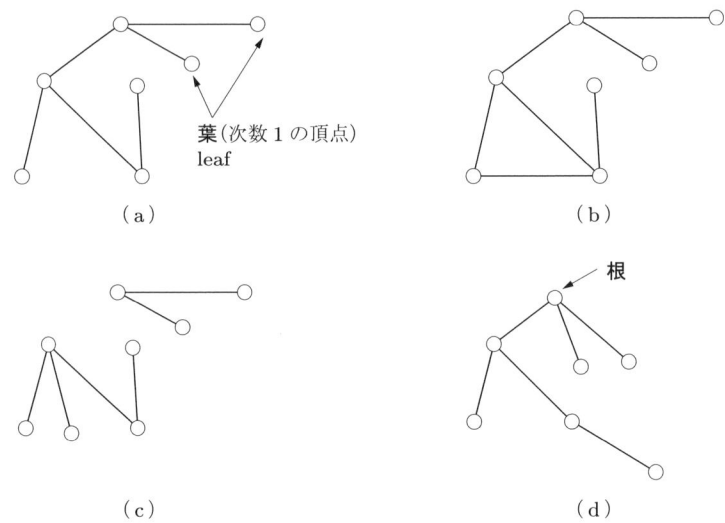

図 1.13

べての頂点の次数が 2 以上だとすると，問題 1.3 の結果よりこのグラフは閉路をもつので，木ではない．以上より，葉が存在しないならば木ではないことが言えたので，この対偶をとればよい．

● **問題 1.7** ●

n 頂点の木の枝数を求めよ．

● **解答 1.7**

$n-1$ である．帰納法により示す．$n=1$ のときには，1 頂点のみからなる木であり，枝数は $n-1=0$ となるので正しい．$n=k$ の木の枝数が $k-1$ だとして，$n=k+1$ の木の枝数が k であることを示す．$k+1$ 頂点からなる任意の木を T とする．T の頂点数は 2 以上なので，問題 1.6 より T は葉をもつ．その葉とそれに接続する 1 本の枝を削除したグラフを T' とすると，T' は頂点数 k の木なので，帰納法の仮定より枝数は $k-1$ である．T' は T から枝を 1 本削除したものなので，T の枝数は k である．

木に対して，特別な頂点を一つ指定することがある．この特別な頂点を**根** (root) という (図 1.13 (d) 参照)．根を指定されている木をとくに**根付き木**

(rooted tree) という.

● 1.4.2 平面的グラフ ●

平面上に,枝が交差しないように描画できるグラフを**平面的グラフ** (planar graph) という.たとえば,図 1.6 のグラフ G_1 は平面的グラフである.また,図 1.1 のグラフは枝が交差するように描かれているが,交差しないように描き直すことができるため,これも平面的グラフである.平面的グラフを枝が交差しないように平面上に描画したものを**平面グラフ**という.つまり「平面グラフ」という言葉は描画の仕方まで含んでいる.

● **問題 1.8** ●

図 1.14 の各グラフは平面的グラフかどうか答えよ.

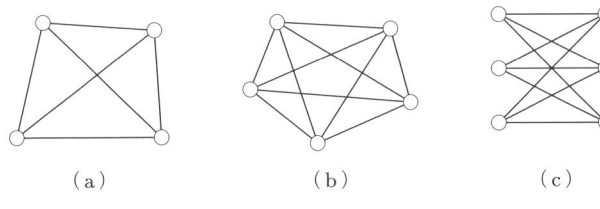

図 1.14

● **解答 1.8**

(a) 平面的グラフである (b) 平面的グラフでない (c) 平面的グラフでない

平面グラフに対して,以下の**オイラーの公式**が成り立つ.

定理 1.2 オイラーの公式

連結な平面グラフの頂点数を n,枝数を m,面数を h とすると,$n + h = m + 2$ である.

ただし面とは,平面上に描画するとき枝で囲まれる連続な領域のことである.グラフの「外側」も一つの面であることに注意して欲しい.図 1.15 に例を示す.

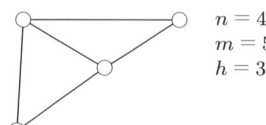 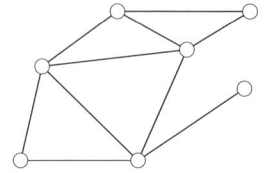

図 1.15　オイラーの公式の例

証明 1.2

グラフの「頂点数＋枝数」に関する帰納法で証明する．頂点数＋枝数が 1 のグラフは孤立頂点のみからなるグラフであり，$n=1$, $m=0$, $h=1$ であるため命題は成り立つ．頂点数＋枝数 $\leq k$ の任意のグラフに対して命題が成り立っていると仮定し，頂点数＋枝数 $= k+1$ のグラフに対しても命題が成り立つことを示す．頂点数＋枝数 $= k+1$ の任意のグラフを G とし，その頂点数，枝数，面数をそれぞれ $n(G)$, $m(G)$, $h(G)$ とする．示したいことは $n(G)+h(G)=m(G)+2$ である．2 通りの場合分けを行う．

- **場合 1：G が次数 1 の頂点をもつ場合**

  G から次数 1 の頂点のうちの一つと，それに接続する枝を削除してできたグラフを G' とする．すると，$n(G')=n(G)-1$, $m(G')=m(G)-1$ となるが，面数は変わらないので $h(G')=h(G)$ である．また，G' は連結であり，G' の「頂点数＋枝数」は $k-1$ なので，帰納法の仮定より $n(G')+h(G')=m(G')+2$ である．これらより，$n(G)+h(G)=m(G)+2$ が導ける．

- **場合 2：G が次数 1 の頂点をもたない場合**

  G から非連結にならないように枝を 1 本削除し，できたグラフを G' とすると，$n(G')=n(G)$, $m(G')=m(G)-1$ である．また，枝を削除することにより二つの面が連結されて一つの面になるので，$h(G')=h(G)-1$ である．G' は連結であり，G' の「頂点数＋枝数」は k なので，帰納法の仮定より $n(G')+h(G')=m(G')+2$ である．これらより，$n(G)+h(G)=m(G)+2$ が導ける．　□

問題 1.9

定理 1.2 の証明で，場合 1 だけを考えたのでは，G が次数 1 の頂点をもたない場合に対応できない．では，場合 2 だけを考えると，どういう問題が生ずるか述べよ．

解答 1.9

G から非連結にならないように枝を削除することができない場合がある．たとえば G が木の場合，どの枝を削除してもグラフが非連結になる．(場合 1 で次数 1 の頂点をもつ場合を排除しているので，場合 2 ではすべての頂点の次数が 2 以上であり，問題 1.3 の結果から閉路をもつ．この閉路上の枝を 1 本削除してもグラフは連結なままである．)

1.4.3　2 部グラフ，完全 2 部グラフ，k 部グラフ

グラフ $G = (V, E)$ の頂点集合 V を，以下の条件を満たすように V_1 と V_2 に分割できる (すなわち $V_1 \cup V_2 = V$ かつ $V_1 \cap V_2 = \emptyset$ である) とき，G は **2 部グラフ** (bipartite graph) であるという．

条件：E には V_1 の頂点同士や V_2 の頂点同士を結ぶ枝は存在しない．

言いかえると，E のどの枝も，V_1 の頂点と V_2 の頂点を結ぶということである．V を V_1 と V_2 に分割する 2 部グラフであることを明示したい場合，$G = (V, E)$ の代わりに $G = (V_1, V_2, E)$ と書くこともある．

問題 1.10

木が 2 部グラフであることを示せ．

解答 1.10

以下の手続きを考える．
❶ 木の任意の 1 頂点 v を V_1 に入れる．
❷ v に隣接している頂点をすべて V_2 に入れる．
❸ まだどこにも入っていない頂点で，V_2 のいずれかの頂点に隣接している頂点をすべて V_1 に入れる．
❹ まだどこにも入っていない頂点で，V_1 のいずれかの頂点に隣接している頂点をすべて V_2 に入れる．
以後，すべての頂点が V_1 または V_2 に入るまで❸と❹を繰り返す．

> 木は閉路をもたないので，V_1 内や V_2 内には枝はない．(この議論は5章の「2-頂点彩色問題」のところで詳しく見る.)

2部グラフ $G = (V_1, V_2, E)$ の V_1 の頂点と V_2 の頂点のペアすべてに対して枝が存在する場合，G をとくに**完全2部グラフ** (complete bipartite graph) という．$|V_1| = n_1$, $|V_2| = n_2$ であるとき，G を K_{n_1,n_2} と表記する．

● **問題 1.11**

完全2部グラフ K_{n_1,n_2} の枝数を求めよ．

● **解答 1.11**

$n_1 n_2$.

$G = (V, E)$ の頂点集合 V を，以下の条件を満たすように $V_1, V_2, \ldots, V_k$ に分割できるとき，G は **k部グラフ** (k–partite graph) であるという．

> **条件**：各 i $(1 \leq i \leq k)$ について，E には V_i の頂点同士を結ぶ枝は存在しない．

頂点数 n のグラフは，自明に n 部グラフである．また，定義より k 部グラフは $(k+1)$ 部グラフでもある．

● 1.4.4 正則グラフ ●

すべての頂点の次数が同じグラフを**正則グラフ** (regular graph) という．とくに，すべての頂点の次数が k であるグラフを **k–正則グラフ** (k–regular graph) という．

● **問題 1.12**

n 頂点 k–正則グラフの枝数を求めよ．

● **解答 1.12**

すべての頂点の次数の総和は nk であるが，問題 1.2 の握手定理のところで述べたように，これは枝数の2倍なので，枝数は $nk/2$ である．

● **1.4.5 完全グラフ** ●

すべての頂点間に枝が存在するグラフを**完全グラフ** (complete graph または clique) という．n 頂点の完全グラフを K_n と書く．K_n は $(n-1)$-正則グラフである．

● **問題 1.13** ●

完全グラフ K_n の枝数を求めよ．

● **解答 1.13** ●

すべての2頂点間に枝があるので，2頂点の選び方の組合せの総数 ${}_nC_2 = n(n-1)/2$ である．また，$(n-1)$-正則グラフなので，問題 1.12 で，$k = n-1$ としてもよい．

1.5 グラフの次数列

グラフ G の**次数列**とは，G の各頂点の次数を降順に並べたものである．たとえば，図 1.16 (a), (b) のグラフの次数列はそれぞれ $(3,3,3,3,2,1,1,0)$ と $(4,4,4,3,2,2,1)$ である．

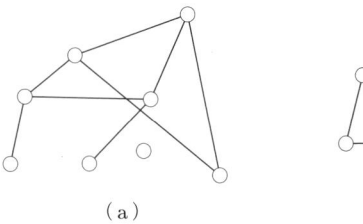

図 1.16

非負整数の降順列が，あるグラフの次数列になっているとき，その数列は**グラフ化可能**であるという．また，その数列を**グラフ化可能列**という．たとえば，$(3,3,3,3,2,1,1,0)$ は図 1.16 (a) のグラフの次数列になっているので，グラフ化可能である．

問題 1.14

つぎの各数列はグラフ化可能かどうか答えよ．

(1) $(4,3,3,3,2,2,1,1)$
(2) $(6,4,4,3,3,2,2)$
(3) $(6,4,4,1,1,1,1)$

解答 1.14

(1) 次数の総和が奇数なので，問題 1.2 の握手定理に反するためグラフ化可能ではない．
(2) グラフ化可能である (図 1.17 参照)．
(3) グラフ化可能ではない．頂点数 7 なので次数 6 の頂点 (v) は自分以外のすべての頂点と隣接するため，次数 1 の四つの頂点は v 以外とは枝をもち得ない．すると，残った二つの頂点の次数 4 を実現させることができない．ここでは単純グラフを考えているので，並列枝や自己ループが存在してはならないことに注意して欲しい．

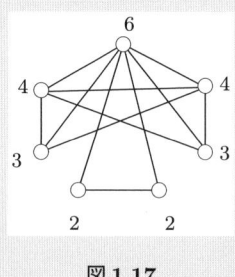

図 1.17

数列のグラフ化可能性については，以下の定理が知られている．

定理 1.3

非負整数の降順列 $(a_1, a_2, \ldots, a_n)$ がグラフ化可能であるための必要十分条件は，$(a_2 - 1, a_3 - 1, \ldots, a_{a_1+1} - 1, a_{a_1+2}, a_{a_1+3}, \ldots, a_n)$ を降順に並べかえたものがグラフ化可能であることである．

証明に入る前に，定理の意味を例を用いて確認しておこう．$(4, 4, 3, 3, 3, 3, 2, 2, 1, 1)$ について，定理に書かれている操作を施すと，最初の「4」を消去し，

かつ，2番目〜5番目の四つの数字から1ずつ引くことになり，数列 $(3,2,2,2,3,2,2,1,1)$ が得られる．これを降順に並べ替えると，$(3,3,2,2,2,2,2,1,1)$ となる．$(4,4,3,3,3,3,2,2,1,1)$ がグラフ化可能かどうかを調べるためには，長さが一つ短い列 $(3,3,2,2,2,2,2,1,1)$ がグラフ化可能かどうかを調べればよいと，定理は述べている．

これを問題 1.14 (2) に適用させると，$(6,4,4,3,3,2,2) \to (3,3,2,2,1,1) \to (2,1,1,1,1) \to (1,1,0,0)$ となるが，$(1,1,0,0)$ がグラフ化可能であることは容易にわかる．よって，$(6,4,4,3,3,2,2)$ がグラフ化可能であると結論づけられる．一方，問題 1.14 (3) の $(6,4,4,1,1,1,1)$ は，$(6,4,4,1,1,1,1) \to (3,3,0,0,0,0)$ となるが，$(3,3,0,0,0,0)$ は明らかにグラフ化可能ではないので，$(6,4,4,1,1,1,1)$ もグラフ化可能ではないことがわかる．

証明 1.3

$(a_2-1, a_3-1, \ldots, a_{a_1+1}-1, a_{a_1+2}, a_{a_1+3}, \ldots, a_n)$ を降順に並べかえたものがグラフ化可能であれば，$(a_1, a_2, \ldots, a_n)$ がグラフ化可能であることは容易にわかる（以後，「を降順に並べかえたもの」は省略することにする）．これは，次数列が $(a_2-1, a_3-1, \ldots, a_{a_1+1}-1, a_{a_1+2}, a_{a_1+3}, \ldots, a_n)$ であるグラフに，次数が a_1 の頂点 v を加え，v から次数が $a_2-1, a_3-1, \ldots, a_{a_1+1}-1$ である頂点に 1 本ずつ枝を引けばよい．たとえば上で見た例では，$(3,3,2,2,2,2,2,1,1)$ を実現するグラフに次数 4 の頂点を付け加え，次数が 3, 2, 2, 2 の四つの頂点に対して枝を引くと，新しいグラフの次数列は $(4,4,3,3,3,3,2,2,1,1)$ となり，これがグラフ化可能であることがわかる（図 1.18 参照）．

逆，すなわち $(a_1, a_2, \ldots, a_n)$ がグラフ化可能であれば，$(a_2-1, a_3-1, \ldots, a_{a_1+1}-1, a_{a_1+2}, a_{a_1+3}, \ldots, a_n)$ がグラフ化可能であることは，先ほどと逆の操作をすればよいように思えるが，そう単純ではない．例を用いた方がわかりやすいので，上記と同じ例で説明する．今，$(4,4,3,3,3,3,2,2,1,1)$ がグラフ化可能であることがわかっていて，$(3,3,2,2,2,2,2,1,1)$ がグラフ化可能であることを示したいとする．$(4,4,3,3,3,3,2,2,1,1)$ を次数列とするグラフにおいて，二つある次数 4 の頂点のいずれかが，都合よく次

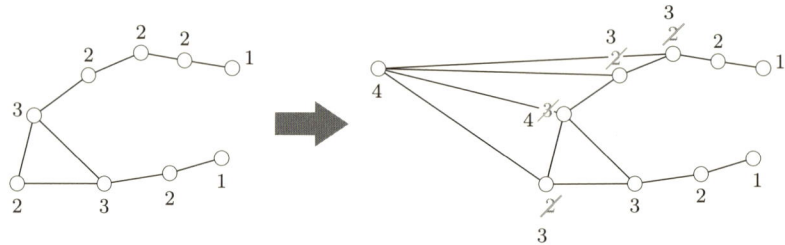

図 1.18

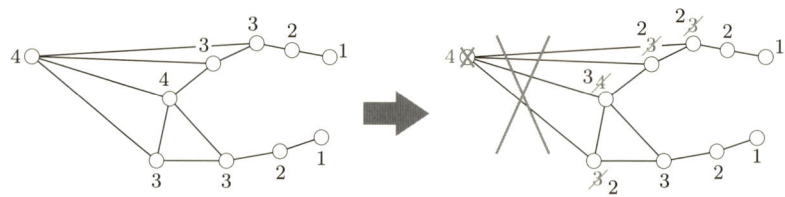

図 1.19

数 4, 3, 3, 3 の頂点と繋がっていれば，その頂点を削除することにより $(3,3,2,2,2,2,2,1,1)$ を次数列とするグラフが得られる (図 1.19 参照).

しかし，次数 4 の頂点がどちらも，上記の性質を満たしていないかもしれない (図 1.20 参照). この場合，$(3,3,2,2,2,2,2,1,1)$ がグラフ化可能であることを言いたいのに，$(3,3,3,3,2,2,2,0,0)$ がグラフ化可能であることを言えたに過ぎない. ここで，この二つの列の差異に着目する (図 1.21 参照).

下段の 2 箇所の「3」を「2」にし，2 箇所の「0」を「1」にすれば，$(3,3,2,2,2,2,2,1,1)$ が得られる. すなわち，今得られている，次数列 $(3,3,3,3,$

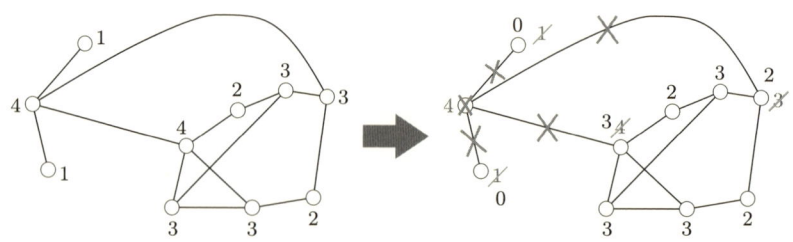

図 1.20

$$(3,3,\underline{2,2},2,2,2,\underline{1,1})$$
$$\updownarrow \text{ここが異なる} \updownarrow$$
$$(3,3,\underline{3,3},2,2,2,\underline{0,0})$$

図 1.21

$2,2,2,0,0)$ のグラフ (G とする) において，次数 3 の頂点二つを次数 2 に，また，次数 0 の頂点二つを次数 1 に変更できれば，$(3,3,2,2,2,2,2,1,1)$ を次数列とするグラフが得られて，証明は完結する．G の次数 3 の頂点 u と次数 0 の頂点 v に着目する．$d(u) > d(v)$ であるので，u に対しては枝があるが v に対しては枝のない頂点が少なくとも一つ存在する．それを w とする．G から枝 (w,u) を削除し枝 (w,v) を付け加えれば，w の次数を変えることなく u の次数を 2 に，v の次数を 1 に変更することができる（図 1.22 参照）.

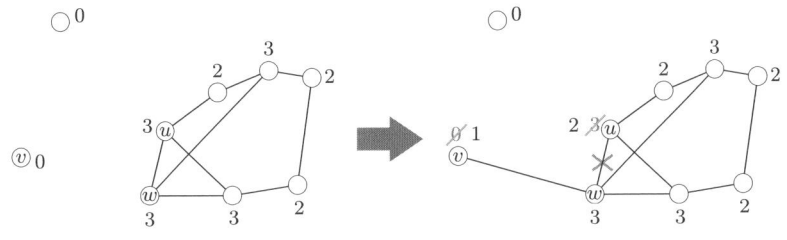

図 1.22

この操作を必要なだけ行い，所望する次数列をもつグラフに変形することができる（この例ではあと一度やればよい）． □

○ 章 末 問 題 ○

1 ● 頂点数が 2 以上の任意のグラフにおいて，$d(u) = d(v)$ となる異なる 2 頂点 u と v が存在することを示せ．

2 ● 図 1.4 の二つのグラフには，同型写像がいくつあるか求めよ．

3 ● $G_1 = (V_1, E_1)$, $G_2 = (V_2, E_2)$ とする．$|V_1| = |V_2|$ かつ $|E_1| = |E_2|$ であることは，G_1 と G_2 が同型であるための必要条件である．これは十分条件にもなっているかどうか答えよ．

4 ● $G_1 = (V_1, E_1)$, $G_2 = (V_2, E_2)$ とする. $|V_1| = |V_2|$, $|E_1| = |E_2|$, かつ, G_1 の次数列と G_2 の次数列が等しいことは, G_1 と G_2 が同型であるための必要条件である. これは十分条件にもなっているかどうか答えよ.

5 ● つぎの条件を満たすグラフは存在するか. 存在するならば, その例を示せ. 存在しないならば, その理由を答えよ.

(1) 7 頂点からなる 3–正則グラフ.

(2) そのグラフの隣接行列を A とすると, A^3 の対角成分に 0 でない成分がちょうど二つだけ現れるグラフ.

6 ● $G = (U, V, E)$ を, $|U| = |V| = n$ である完全二部グラフとする. G の補グラフ $\overline{G}$ の枝数はいくつか求めよ.

7 ● どのような 6 人が集まっても, その 6 人の中には, お互いに知り合い同士の 3 人組か, お互いに見ず知らずの 3 人組のどちらかは必ず存在することを示せ.

第2章 最小全域木

本章では，できるだけ少ないコストでグラフ全体を連結にする最小全域木問題を取り扱う．2.1節で定義を行い，2.2節および2.3節では最小全域木を効率よく求めるクラスカルのアルゴリズムとプリムのアルゴリズムについて学ぶ．また，2.4節では，関連問題である最小シュタイナー木問題を紹介する．

2.1 最小全域木とは

つぎのような問題を考えてみる．A, B, C, D, E, Fの町がある．これらの町の間に光ファイバを敷設して，すべての町がインターネットで繋がるようにしたい．ただし，遠回りすることは厭わず，単に繋がりさえすればよいものとする．ファイバを引くのにはそれなりの工事費がかかるし，地理的な条件からファイバを引けない場所もある．これらをまとめたものが表2.1である．たとえば，AとCの交差するエントリに「3」とあるのは，AとCの間にファイバを引くと3単位のコスト(たとえば3000万円)かかることを意味する．また，CとEの交差するエントリに「×」とあるのは，CとEの間には(たと

表 2.1

	A	B	C	D	E	F
A	—	×	3	10	9	9
B		—	4	2	9	×
C			—	3	×	×
D				—	8	9
E					—	6
F						—

えば地形の問題などで) ファイバを引けないことを意味する．ここでの問題は，できるだけ安い費用で上記の目的を達成することである．

この問題をグラフ上で定式化すると，以下のようになる．各町 $A \sim F$ を頂点とし，二つの町の間にファイバを引くことができる場合，それらに対応する2頂点間に枝を張る．また，その枝の重みを，そこに作るファイバの敷設費用とする．このようにすると，図 2.1 のグラフを得る．

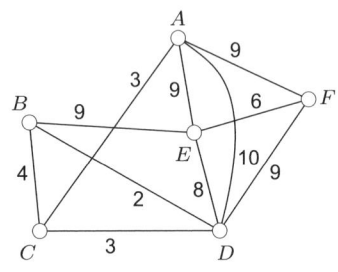

図 2.1

問題は，このグラフから枝をうまく選び，選ばれた枝でグラフ全体を連結にすることである．ただし，選ばれた枝の重みの総和（以下ではこれを解の「**コスト**」とよぶ）を最小にしたい．このような問題を**最小全域木問題** (minimum spanning tree problem; MST) という．この問題の解は必ず木になる．なぜなら，問題の制約から全体が連結でなければならないし，もし，閉路を含んでいたとすれば，その閉路の中から枝を 1 本削除することによって連結性を失わずにコストを下げることができるからである (ここでは重み 0 の枝は存在しないことにする)．ちなみに，すべての頂点を繋ぐ木を**全域木** (spanning tree) という．この問題はコスト最小の全域木（**最小全域木**という）を求めるため，最小全域木問題とよばれる．

● 問題 2.1
図 2.1 のグラフに対する最小全域木を求めよ (解答は次節の図 2.2 に示す)．

2.2 クラスカルのアルゴリズム

最小全域木問題を解くアルゴリズムとして，**クラスカル (Kruskal) のアルゴリズム**が知られている．これは，枝を重みの小さい順に見ていき，「その枝を解に加えても閉路ができなければ加える」という選択を，グラフが連結になるまで続けていくものである．同じ重みの枝が複数ある場合，見る順番は任意で構わない．

たとえば図 2.1 の例であれば，枝を (B, D), (A, C), (C, D) と見ていき，これらを解に加える．つぎに重みの小さい (B, C) を見るが，これを加えると $BCDB$ という閉路ができるので，加えない．このようにして続けていくと，上記の 3 本の他に (D, E) と (E, F) という枝が加えられて，アルゴリズムは終了する (図 2.2 参照).

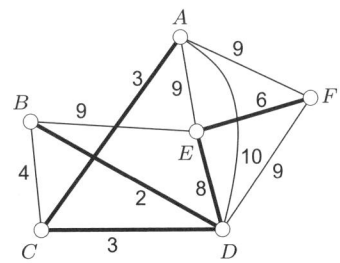

図 2.2　図 2.1 のグラフに対する最小全域木

以下では，このアルゴリズムが正しい解を出力することを示す．

定理 2.1

クラスカルのアルゴリズムは最小全域木を出力する．

証明 2.1

例を用いながら証明する．グラフ G に対するクラスカルのアルゴリズムの出力を T とする．T が正しい解ではないと仮定して矛盾を導く．仮定より，T よりもコストの小さい最小全域木 T' が存在する (図 2.3 参照)．同じコストの最小全域木が複数ある場合，どれを T' として選ぶかは，後で説明する．

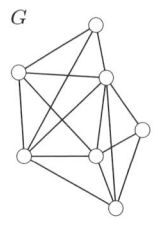 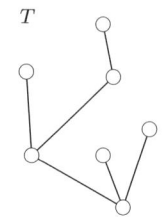 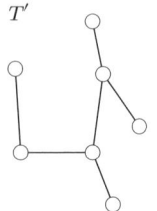

（a）入力グラフ　　　（b）アルゴリズムの解　　　（c）最小全域木

図 2.3

T はクラスカルのアルゴリズムで得られた全域木なので，T の枝には選ばれた順番を付けることができる (図 2.4 (a) 参照)．このとき，T' には選ばれていないが，アルゴリズムが選んだ，最初の枝を考える（今の例では ③ の枝）．T' として最小全域木の候補が複数ある場合，この「アルゴリズムが T' と異なる枝を初めて選んだ順番」が最も遅いものを T' として採用する．言いかえれば，今の例では，T の ①, ②, ③ の枝をすべて含む最小全域木は存在しないことになる (存在すれば，上のルールからそれが T' として選ばれているはずである)．

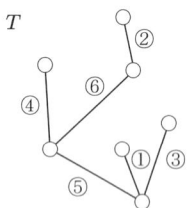 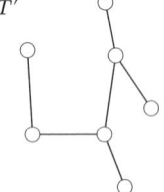

（a）アルゴリズムの解　　　　　（b）最小全域木

図 2.4

この ③ の枝をアルゴリズムが選ぶ直前の瞬間を考える (図 2.5 (a) 参照)．今，アルゴリズムは ① と ② を選んでいるので，A, B, C, D, E という五つの連結成分に分かれており，これから D と E を繋げようとしている．T' も ① と ② を使っているので，B と D の内側は T と同じ構造をしている．また，T' も全域木なので，連結成分 D と E は何らかの形で繋がっているは

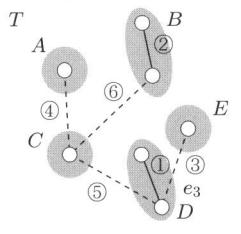

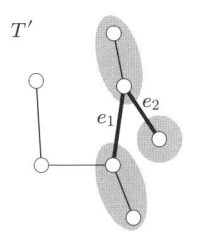

(a) アルゴリズムの解 　　　　(b) 最小全域木

図 2.5

ずである．この例では，図 2.5 (b) の 2 本の太い枝を介して，成分 B を経由して繋がっている．この 2 本の枝を e_1 と e_2 とよぶことにする．また，アルゴリズムが 3 番目に選んだ枝（③）を e_3 とする．

e_1 も e_2 もアルゴリズムがすでに選んでいる枝（図では①，②）とは異なる．なぜなら，①，② は連結成分の中にあるのに対して，e_1，e_2 は異なる連結成分を繋ぐからである．

以下では枝 e の重みを $w(e)$ と書くことにする．ここで，e_1 と e_2 のどちらか（ここでは e_1）に注目し，以下の三つの場合それぞれに対して，矛盾を導くことで証明を完結させる．

● 場合 1：$w(e_3) > w(e_1)$

アルゴリズムは重みの小さい枝から順番に見ていくので，e_3 を見ている現時点ではすでに e_1 は見終わっていることになる．しかし，e_1 は現在のグラフの異なる連結成分（B と D）を繋げる枝なので，e_1 を加えても閉路はできない．つまり，e_1 を解に加えても閉路はできないにもかかわらずアルゴリズムは加えなかったことになり，アルゴリズムの動作ルールに矛盾する．

● 場合 2：$w(e_3) < w(e_1)$

T' から e_1 を削除して e_3 を付け加えると，T' よりもコストの小さい全域木 T'' ができる．これは，T' が最小全域木であったことに矛盾する．

● 場合 3：$w(e_3) = w(e_1)$

場合 2 と同様に T'' を作る．このとき，T'' と T' のコストは同じなので

T'' も最小全域木であるが，T'' は T が選んだ ①，②，③ の枝をすべて含むので，T' の選び方に矛盾する (前述したように ①，② は e_1 とは異なるので，①，② は T'' には残っていることに注意して欲しい).　□

T' の候補が複数ある場合の選定ルールを工夫したのは，場合 3 で矛盾を導くためである．こうせず，T' を「任意の最小全域木」としても証明を完結させることはできるが，証明は少し長くなる．この証明も，ぜひ考えてみて欲しい．

クラスカルのアルゴリズムのように，各ステップにおいて，後のことは考えずにその時点で最適な行動をするタイプのアルゴリズムを，一般に**貪欲アルゴリズム** (greedy algorithm) という．最小全域木問題に対しては貪欲アルゴリズムがうまく働いたが，どのような問題でもうまくいくとは限らない．一般には，「今少し損をすることにより，後でうんと取り返す」ことが起き得るからである．

2.3　プリムのアルゴリズム

クラスカルのアルゴリズムの他に，最小全域木問題に対するアルゴリズムとして有名なのが，**プリム** (Prim) **のアルゴリズム**である．このアルゴリズムは 1 頂点だけからなる連結成分からスタートし，頂点を次々に取り込むことにより連結成分を成長させていき，最後にすべての頂点を連結させるものである．図 2.1 のグラフを例にとり，その動作を説明する (図 2.6 参照)．

1 頂点 (ここでは A) を選ぶ．A から外部に延びている枝 (A, C)，(A, E)，(A, F) の中で，最も重みの小さい枝 (A, C) を選び，それに接続する頂点 C を連結成分に取り込む．つぎに，連結成分の内部頂点 A，C とそれ以外の頂点を繋ぐ枝の中で，最も重みの小さい枝 (C, D) を選び，それに接続する頂点 D を連結成分に取り込む．一般には，現在の連結成分内の頂点と連結成分外の頂点とを結ぶ枝の中で，重み最小の枝を選ぶことにより，連結成分外の頂点を一つ取り込む．これを，全体が連結になるまで繰り返す．プリムのアルゴリズムもまた，クラスカルのアルゴリズムとは別のタイプの貪欲アルゴリズムと考えることができる．

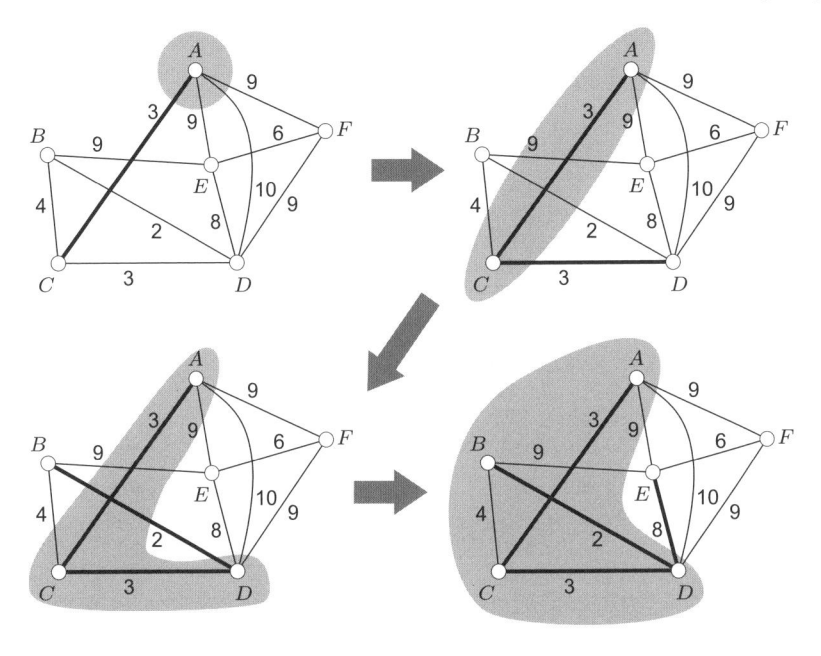

図 2.6

2.4 最小シュタイナー木問題

最小全域木問題に類似した問題として**最小シュタイナー木問題** (minimum Steiner tree problem) を紹介する．この問題では，最小全域木問題と同様に枝重み付きグラフ $G = (V, E)$ が与えられるが，さらに V の部分集合 U が与えられる．U に含まれる頂点を**ターミナル**とよぶ．この問題は，G の部分木ですべてのターミナルを含んでいるもののうち，コスト最小の木を求める問題である（コストの定義は最小全域木問題のときと同じく，使われる枝の重みの総和である）．

最小全域木問題との違いを説明しよう．最小全域木問題ではすべての頂点を連結させなければならなかったが，最小シュタイナー木問題ではすべてのターミナルを連結させればよい．すなわち，ターミナルをすべて繋げたいが，ターミナルでない頂点は使っても使わなくてもよい．冒頭の光ファイバの例でいうと，インターネットに繋げたい町がターミナルとして指定されていて，それ以

外の町は中継点として使ってもよいが，使う必要もない．この条件の下で，できるだけ安く繋げたいというものである．

● 問題 2.2 ●

最小シュタイナー木問題で以下のグラフが与えられた場合の解を求めよ．ただし，ターミナルは頂点 A, B, C, F である．

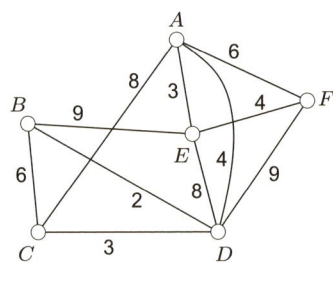

図 2.7

● 解答 2.2

図 2.8 の太い枝で表される木である．

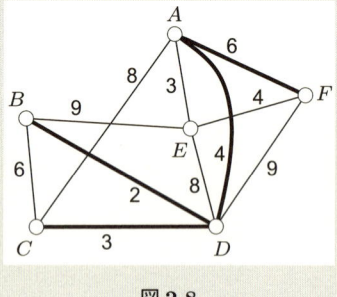

図 2.8

最小シュタイナー木問題において，すべての頂点がターミナルである特別な場合が最小全域木問題であるので，最小シュタイナー木問題は最小全域木問題の拡張になっている．最小全域木問題にはクラスカルのアルゴリズムやプリムのアルゴリズムのように，効率のよいアルゴリズムが存在したが，最小シュタイナー木問題は **NP 困難問題**であることが示されており，効率のよいアルゴリズムは存在しそうにない．

○ 章 末 問 題 ○

1 ● プリムのアルゴリズムが最小全域木を正しく求めることを示せ.

2 ● 図2.9の(a), (b)のグラフに対する最小全域木を, クラスカルのアルゴリズムとプリムのアルゴリズムを用いて求めよ.

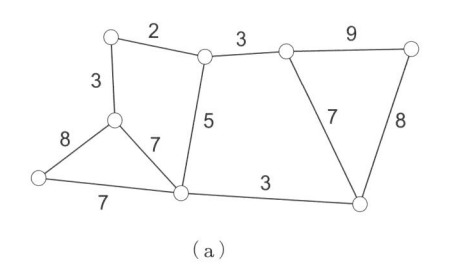

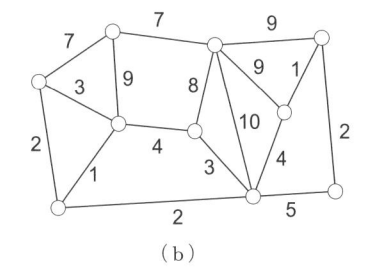

図 2.9

3 ● 図2.10のグラフに対する最小シュタイナー木を求めよ. ただし, ターミナルは●の頂点である.

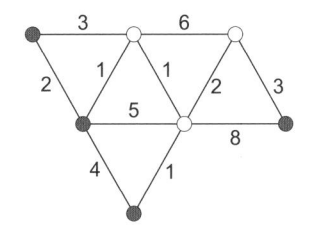

図 2.10

第3章 最短経路問題

今いる場所から目的地まで，どのような経路をたどれば最短で行けるか．これをグラフを使って定式化したのが最短経路問題である．3.1 節で問題を定義し，3.2 節でこの問題を効率よく解くダイクストラのアルゴリズムを紹介する．

3.1 最短経路問題

図 3.1 のグラフの各頂点は，配送業者の中継地点を表している．二つの頂点 u と v を結ぶ枝 $e = (u, v)$ の重み $w(e)$ は，荷物を中継所 u から v へ移動させるのに $w(e)$ に比例する時間がかかることを意味する (たとえば，v_1 から v_4 に送るのに 8 時間かかる)．間に枝のない中継所間は，直接送ることができない．今 s にある荷物を t に送りたいとき，どの経路を通せば最短で運ぶことができるだろうか．

この問題は，以下の**最短経路問題** (shortest path problem) として定式化できる．入力として，枝に非負重みの付いた無向グラフ $G = (V, E)$ と 2 頂点 s, t が与えられる．出力として，s と t を両端とする G の道の中で，使われる枝の重みの総和 (これを道の「長さ」ということを思い出して欲しい (9 ページ

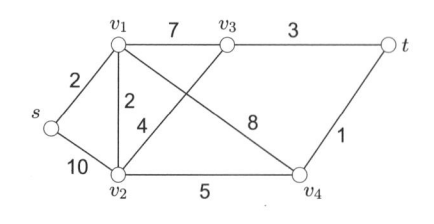

図 3.1

参照)) が最小になるもの（最短経路）を求める問題である．

● 問題 3.1 ●

図 3.1 のグラフに対する最短経路を求めよ．

● 解答 3.1 ●

$s \to v_1 \to v_2 \to v_4 \to t$ という経路は，s から t への長さ 10 の経路である．これが最短であることは，容易に確かめることができる．

この問題に対して，s から t までの道をすべて列挙し，それぞれの長さを求め，最短の道を出力するアルゴリズムは，確実に正しい解を出力するが，道の数は頂点数の指数個存在し得るので，計算時間が膨大になる．したがって，より効率的な解法が望まれる．

3.2 ダイクストラのアルゴリズム

最短経路問題を効率よく解くアルゴリズムとして，**ダイクストラ (Dijkstra) のアルゴリズム**が知られている．このアルゴリズムでは，頂点を格納するための L という集合を使う．L は最初は空集合 ($\emptyset$) であり，計算が進むにつれてサイズが大きくなっていく．また，各頂点 v に $\delta(v)$ という非負の値を付ける．これは，頂点 s から v までの，**その時点での暫定的な**最短経路の長さを表している．もう少し正確にいうと，「L に入っている頂点だけを使って v に至る最短経路の長さ」である．最初は $\delta(s) = 0$ であり，s 以外の頂点 v に対しては $\delta(v) = \infty$ とする．すなわち，s から s へは長さ 0 の道で到達できるが，現段階ではまだ何も調べていないので，s から他の頂点へどれくらいの長さで到達できるかが（そもそも到達できるかすら）全くわかっていない．そこで，とりあえず無限大という値を付けている．たとえば，アルゴリズムが探索を進めていくうちに，s から v へ長さ 15 の道で到達できることがわかったら，$\delta(v) = 15$ と値が更新される．これもまた暫定値で，将来さらに短い，たとえば長さ 12 の道が見つかったら，$\delta(v) = 12$ と更新される．このように，$\delta(v)$ の値は，アルゴリズムの計算が進むにつれて（そして，グラフをより広く調べるにつれ

て）より小さくなっていく．さらに，各頂点はアルゴリズムの実行中に，ポインタで他の頂点を指す．これは，s から自分までの（暫定的な）最短経路をたどる際の，自分の直前の頂点である．

それでは，図3.1の例を用いて，アルゴリズムの流れを説明していく．

ステップ❶ 上述のように $L = \emptyset$，$\delta(s) = 0$，$\delta(v) = \infty$ $(v \neq s)$ と変数を初期化する（図3.2 参照）．

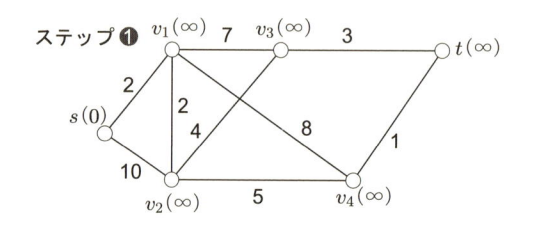

図 3.2

ステップ❷ 頂点 s を L に入れる．つぎに，s に隣接している各頂点 v について，

(2-1) $\delta(v) = w(s, v)$ とする．

(2-2) v はポインタで s を指す（図3.3 参照）．

なお，図では集合 L を灰色で表している．また，枝 (s, v) の重みは，正確には $w(s, v)$ ではなく $w((s, v))$ と書くべきであるが，ここでは見やすさのために $w(s, v)$ を使う．

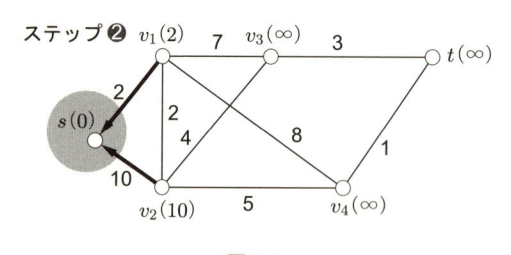

図 3.3

ステップ❸ まだ L に入っていない頂点の中で δ の値が最小のものを v とし，v を L に入れる．v の候補が複数ある場合は任意に一つ選ぶ．つぎに，v に隣接している頂点のうち，まだ L に入っていない頂点 u に

対して，

- (3-1) $\delta(u)$ の新しい値を $\delta(u) = \min\{\delta(u), \delta(v) + w(v,u)\}$ とする．
- (3-2) $\delta(u)$ の値が更新された場合 (すなわち $\delta(v)+w(v,u)<\delta(u)$ の場合) は，u のポインタを v に向け直す．

ここで $\min\{a,b\}$ は a と b のうち小さい方を意味する．

ステップ❸の動作を，例を用いて説明する．図 3.3 の状態において，δ の値が最も小さい頂点は v_1 なので，v_1 が v として選ばれ，L に入れられる (図 3.4 参照)．v_1 に隣接していて，L に入っていない頂点は v_2, v_3, v_4 なので，それぞれに対して (3-1), (3-2) の作業を行う．v_2 に対して見てみよう．$\delta(v_2) = 10$, $\delta(v_1) + w(v_1, v_2) = 2 + 2 = 4$ なので，後者の方が小さい．よって，$\delta(v_2) = 4$ と更新され，v_2 から s を指していたポインタは v_1 を指し直す．

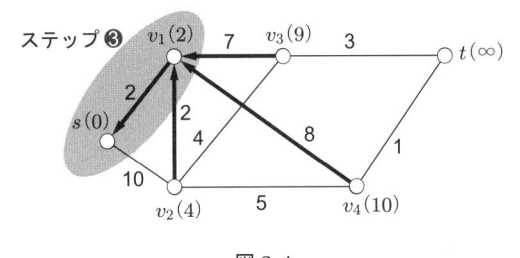

図 3.4

これは，以下のように解釈できる．L の中に入っている (すなわち，これまでにチェックした) 頂点を経由して v_2 に至る最短経路の長さは 10 であった．そして，その経路は v_2 から s までポインタをたどったものであり，今の例では $s \to v_2$ という経路である．探索が 1 ステップ進んで v_1 が L に入り，v_1 を経由する経路も調べると，今度は $s \to v_1 \to v_2$ という経路が見つかった．そして，この経路は，今まで知っていた経路よりも短い．そこで，暫定的な最短経路の長さを 4 に更新し，最短経路での v_2 の直前の頂点を s から v_1 に更新したのである．v_3 と v_4 に対しても同様の操作を行った結果が図 3.4 である．

あとは，頂点 t が L に入るまでステップ❸を繰り返す．t が L に入った時点で t からポインタをたどり s まで進むと最短経路が得られ，その長さは $\delta(t)$ で

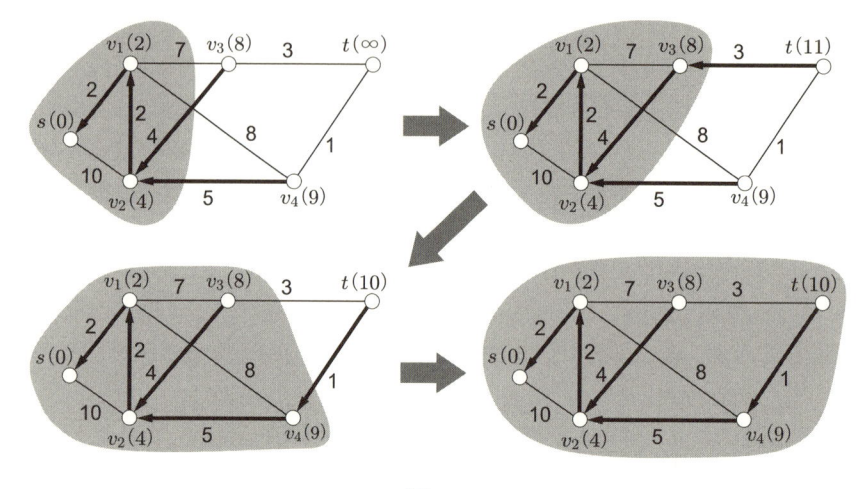

図 3.5

ある (図 3.5 参照).

各繰り返しごとに一つの頂点が L に入り,すべての頂点が L に入ればアルゴリズムは終了するので,頂点数を n とすると繰り返し回数は高々 n 回である.

正しさの証明は省略するが,以下のような方針で行えばよい.示すべきことは,「アルゴリズムの任意の時点で,$v \in L$ である任意の頂点 v について,$\delta(v)$ は s から v への**暫定ではなく本当の**最短経路の長さである」という命題である.もしこれを示すことができたとすると,t が L に入った時点での $\delta(t)$ を出力するわけだから,アルゴリズムの正しさが示せたことになる.上記の命題は,帰納法により証明する.アルゴリズムの最初の時点では,s だけしか L に入っておらず,$\delta(s) = 0$ なので確かに成り立つ.帰納的に行う部分では,ある時点 (k 回目の繰り返しの直後) で成立していると仮定し,$k+1$ 回目の繰り返し直後 (すなわち,δ 値の最も小さい頂点 v^* を L に入れ,v^* に隣接している頂点について更新作業を行ったあと) でも成り立つことを示せばよい.ということは,結局 k 回目の繰り返しの直後において,$\delta(v^*)$ が s から v^* までの (暫定ではなく) 真の最短経路の長さになっていることを示せばよいことになる.

章末問題

1 ● ダイクストラのアルゴリズムを使って，図3.6のグラフに対する最短経路を求めよ．

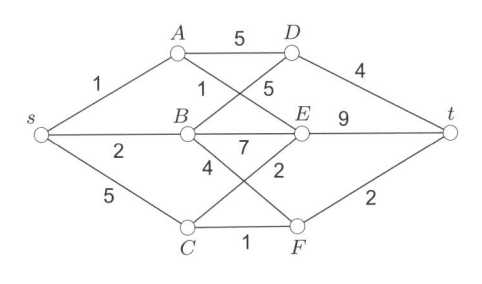

図 3.6

2 ● ダイクストラのアルゴリズムは，s から t への最短経路が複数あった場合，そのうちの一つを求める．すべての最短経路を求めるためには，ダイクストラのアルゴリズムをどのように修正すればよいか述べよ．

3 ● 図3.7のグラフに対して，上記の問題2のアルゴリズムを適用させ，s から t への最短経路をすべて求めよ．

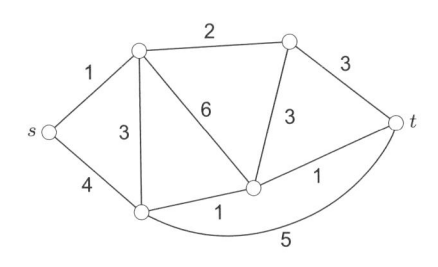

図 3.7

4章 オイラー回路とハミルトン閉路

本章では，2種類のグラフ周遊を取り扱う．今いる場所から，全頂点をちょうど1度ずつ訪問して戻ってくるのがハミルトン閉路，全枝をちょうど1度ずつ訪問して戻ってくるのがオイラー回路である．これらは似た概念であるが，その存在判定の難しさは大きく異なる．

4.1 定　義

　この章では，とくに断らない限り，連結グラフのみを考える．グラフの**オイラー回路** (Euler circuit) とは，グラフの各枝をちょうど1回ずつ通る回路である (定義上「閉路」は同じ頂点を2度通ってはならないが，慣習上「オイラー閉路」とよばれることもある)．また，グラフの**ハミルトン閉路** (Hamiltonian cycle) とは，グラフの各頂点をちょうど1回ずつ通る閉路のことである．オイラー回路とハミルトン閉路の例を図4.1に示す．

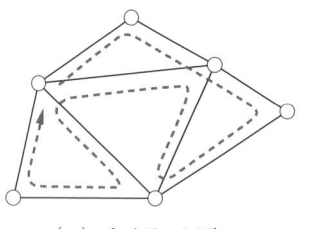

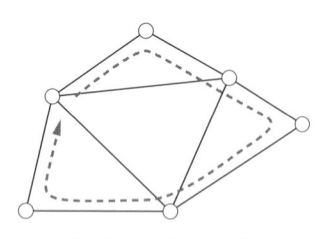

（a）オイラー回路　　　　（b）ハミルトン閉路

図 4.1　オイラー回路とハミルトン閉路

● 問題 4.1 ●

　図 4.2 のグラフ (a), (b) はオイラー回路をもつか．もつ場合は回路を示し，もたない場合はその理由を答えよ．

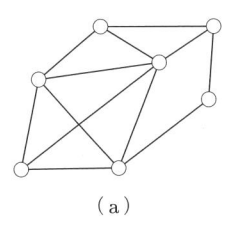

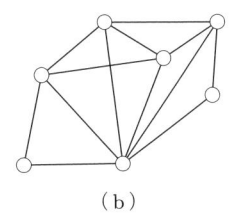

(a)　　　　　(b)

図 4.2

● 解答 4.1

(a) もたない．理由は次節で明らかになる．
(b) 図 4.3 のとおりオイラー回路をもつ．

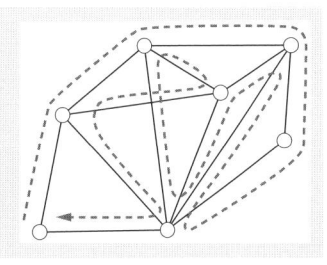

図 4.3

● 問題 4.2 ●

　図 4.4 のグラフ (a), (b) はハミルトン閉路をもつか．もつ場合は閉路を示し，もたない場合はその理由を答えよ．

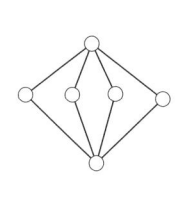

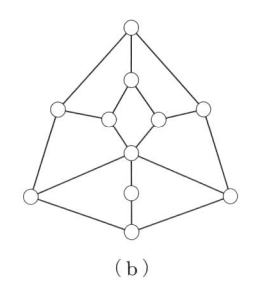

(a)　　　　　(b)

図 4.4

● 解答 4.2

(a) もたない．一見明白であるが，ここではハミルトン閉路をもたないための一般的な十分条件を見てみよう．図 4.5 (a) のように，上下の頂点をグラフから削除すると，グラフは四つの連結成分に分かれる．もしハミルトン閉路をもつならば，その閉路の部分だけを考えても二つの部分にしか分かれないので，四つに分かれることはあり得ない．一般に，t 頂点を削除して $t+1$ 個以上の連結成分に分かれてしまえば，そのグラフはハミルトン閉路をもたない．

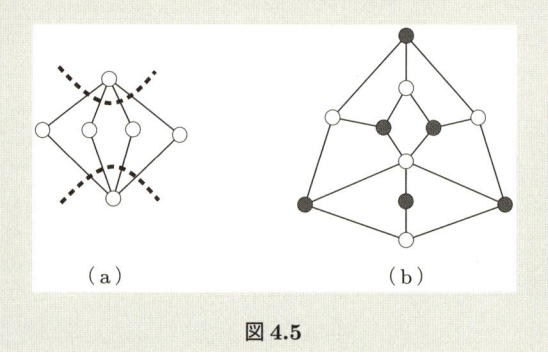

(b) もたない．図 4.5 (b) のように頂点を色分けすると，どの枝も○と●の頂点間を結んでいる (言いかえれば 2 部グラフである)．よって，ハミルトン閉路が存在すれば，それは○と●の頂点を交互にたどるはずであるが，○の頂点と●の頂点の個数が異なるので，これは不可能である．

図 4.5

4.2 オイラー回路

　オイラー回路は，グラフの頂点を通過するたびに，その頂点に接続する枝をちょうど 2 本使用する．また，始点となる頂点では，出発時に枝を 1 本使用し，その後その頂点を通過するごとに 2 本ずつ枝を使用し，帰還時に枝を 1 本使用する．したがって，各頂点で消費される枝数は偶数本であるため，奇数次数の頂点が存在すれば，そのグラフはオイラー回路をもたないことがわかる．ではその逆はどうだろうか．すなわち，すべての頂点の次数が偶数であれば，必ずオイラー回路をもつのであろうか．答えは YES である．

定理 4.1

連結グラフ G がオイラー回路をもつ必要十分条件は，G のすべての頂点の次数が偶数であることである．

証明 4.1

G がオイラー回路をもつならば G のすべての頂点の次数が偶数であることはすでに見た．以下では逆方向を示す．すなわち，G のすべての頂点の次数が偶数であるとし，実際にオイラー回路が存在することを示す．グラフ G の任意の頂点 (v_1 とする) から出発し，まだ使われていない枝をたどって回路を構築していく．各頂点では，まだ使われていない枝のうち任意の一つを選んで，その頂点から出ていく．頂点の次数は偶数なので，v_1 以外の頂点にいるときには，その頂点に接続する枝のうち奇数個がこれまでに消費されているはずである．したがって，まだ使われていない枝が必ず存在するので，それを使って出ていくことが可能である．v_1 に戻ってきたときは，v_1 に接続する偶数個の枝が消費されている．まだ使われていない枝があれば，それを使って再び v_1 から出ていき，さらに構築を進める．この動作が行えなくなるのは，v_1 に戻ったとき，v_1 に接続する枝がすべて使用済みの場合である．このときグラフのすべての枝が使用済みであれば，オイラー回路が求まったことになる．そうでない場合は，すべての枝を使っていない回路 (C_1 とする) が求まり，図 4.6 のような状況になっているはずである．

ここで，C_1 に使われている枝を G からすべて削除し，孤立頂点ができた場合はそれも取り除いたグラフを G' とする．G ではすべての頂点の次数が偶数であり，各頂点は接続する枝のうち偶数本 (0 本も含む) が C_1 に使われ

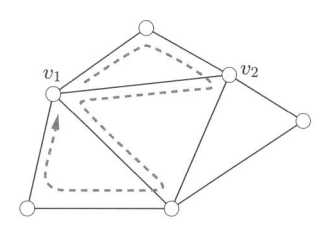

図 4.6

ているので，G' においてもすべての頂点の次数が偶数である．（ただし，G' はもはや連結でないかもしれない．）また，G は連結であったので，G 上で C_1 を見つけたときに，C_1 に含まれる枝と含まれない枝をもつ頂点が存在するはずである．これを v_2 とする．G 上で v_1 を出発点として回路を見つけたのと同様に，G' 上で v_2 を出発点として回路を探索し，見つかった回路を C_2 とする．

C_1 も C_2 も v_2 を経由しているので，C_1 上で v_1 から出発して v_2 まで行き，そこで C_2 に乗りかえて，C_2 の枝をすべて経由し終えて v_2 に戻って来て，C_1 に乗りかえて，C_1 の残りの枝を経由して v_1 まで戻ると，それは一つの回路になっている（図 4.7 参照）．この議論を繰り返していくと，最終的にオイラー回路が求まる．

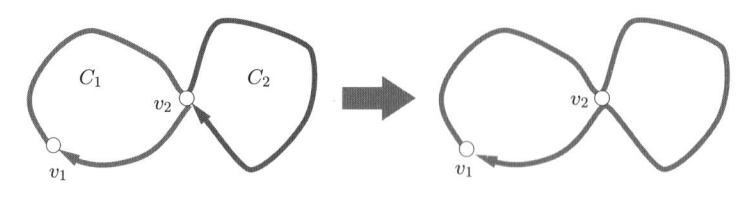

図 4.7

□

なお，上記の証明は，直観を重視したため厳密性を欠いているが，厳密な証明には枝数に関する帰納法を使うのがよい．たとえば枝数 4 以下のすべてのグラフについて，命題が成立している（すなわち，すべての頂点の次数が偶数ならばオイラー回路をもつ）ことをしらみ潰しで示す．つぎに，枝数 j 以下のグラフについては命題が成り立っているとして，枝数 $j+1$ のグラフ G について成り立つことを示す．上記と同じように出発点から枝をたどり，回路 C が求まったら，それを削除して新たなグラフを作る．孤立頂点ではない連結成分を $G_1, G_2, \ldots, G_t$ とすると，（上で示したのと同じ理由で）各 G_i はすべて頂点の次数が偶数であり，枝数が j 以下であるので，帰納法の仮定よりオイラー回路 $C_1, C_2, \ldots, C_t$ をもつ．あとは，証明中でやったように C を各 C_i と連結させて新たな回路を作れば，それは G のオイラー回路となっている．

ちなみに，グラフ理論の最初の論文は，**レオンハルト・オイラー**が書いた，オイラー回路の存在性にかかわる（上記の内容の）論文だといわれている．ケーニヒスベルグの町には図 4.8 左のように川が流れており，川には七つの橋が架かっている．あるとき住民が，自分の家から出発して七つの橋すべてをちょうど 1 度ずつ通って自分の家に戻ってくることが，どうしてもできないことに気づき，オイラーにその話をした．オイラーはこの地形を，陸地を頂点，橋を枝とする図 4.8 右のグラフで表し，住民のいう経路はこのグラフのオイラー回路そのものであると考えた．そして，このグラフには奇数次数の頂点が存在するので（実際，全部の頂点が奇数次数である），このグラフはオイラー回路をもたない．よって，住民のいうような経路が存在しないことを示したのである．なお，ここで作られたグラフは並列枝をもつので単純グラフではないが，定理 4.1 はこの場合にも成り立つ．

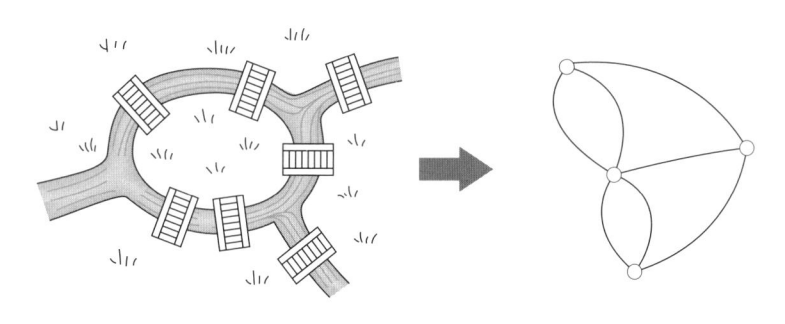

図 4.8

4.3 ハミルトン閉路

与えられたグラフにオイラー回路が存在するか否かを答える問題は，各頂点の次数を調べればよいだけなので効率よく解くことができる．ハミルトン閉路の存在を判定する問題も類似の問題にみえるが，こちらは **NP 完全問題**とよばれる問題で，効率のよいアルゴリズムは存在しそうにない．そのため，効率よく検証可能な必要条件や十分条件が研究されている．以下にその例を挙げる．

定理 4.2 ディラック (Dirac) の定理

$G = (V, E)$, $|V| \geq 3$ とする．すべての頂点 $v \in V$ に対して，$d(v) \geq |V|/2$ ならば G はハミルトン閉路をもつ．

定理 4.3 オア (Ore) の定理

$G = (V, E)$, $|V| \geq 3$ とする．隣接していない任意の 2 頂点 v と w について，$d(v) + d(w) \geq |V|$ ならば G はハミルトン閉路をもつ．

証明に入る前に，ディラックの定理よりもオアの定理の方が「強い」ことを確認しよう．オアの定理が既に証明できているとしよう．すると，「すべての頂点 v に対して $d(v) \geq |V|/2$」であるグラフは当然，「隣接していない任意の 2 頂点 v と w について $d(v) + d(w) \geq |V|$」を満たすので，オアの定理からハミルトン閉路をもつことが即座にわかる．つまり，オアの定理はディラックの定理が示唆することはすべてカバーしているのである．

別の見方をすると，オアの定理がハミルトン閉路をもつことを保証しているグラフの集合は，ディラックの定理がハミルトン閉路をもつことを保証しているグラフの集合を含んでいる．少し考えるとわかるが，実際には，**真に含ん**でおり，ディラックの定理が保証していないグラフまでをも保証してくれているのである．その意味で，オアの定理はディラックの定理よりも「強い」のである．

それでは，ディラックの定理の証明に入ろう．

証明 4.2

$n = |V|$ とする．あとで繰り返し使うので，「すべての頂点 v について $d(v) \geq n/2$ である」というのを**ディラック条件**とよぶことにする．以下，背理法を使って証明する．定理の反例として，ディラック条件を満たしているのにハミルトン閉路が存在しないグラフ $G = (V, E)$ を考え，矛盾を導こう．G はハミルトン閉路をもっていない．この「ハミルトン閉路をもたない」という条件を保ちつつ G に任意に枝を追加していき，これ以上追加できなくなったところでこの操作をやめる．その結果得られたグラフを G' とする．

4.3 ハミルトン閉路

G' は G に枝を追加したものなので，当然ディラック条件を満たしている．しかし，ハミルトン閉路をもたないので，G' もまた定理の反例となっている．G' はハミルトン閉路をもたない「ギリギリ」のグラフである．つまり，G' に枝を 1 本でも追加すると，ハミルトン閉路をもってしまう．ということは，G' はすべての頂点を含む道 (これを**ハミルトン道** (Hamilton path) という) をもつ．なぜなら，G' に枝を 1 本加えたらハミルトン閉路をもつので，付け加えた枝を削除したら，ハミルトン道になるからである．このハミルトン道に含まれる順番に，頂点を $v_1, v_2, \ldots, v_n$ と名付けることにする．G' はハミルトン閉路をもたないので，v_1 と v_n の間に枝はない．

$d(v_1) \geq n/2$ であり，枝 (v_1, v_2) は存在するが，枝 (v_1, v_n) は存在しない．したがって，v_1 は $v_3 \sim v_{n-1}$ の $n-3$ 個のうち $n/2 - 1$ 個以上の頂点と隣接する．同様に，$d(v_n) \geq n/2$ であり，枝 (v_{n-1}, v_n) は存在するが，枝 (v_1, v_n) は存在しない．したがって，v_n は $v_2 \sim v_{n-2}$ の $n-3$ 個のうち $n/2 - 1$ 個以上の頂点と隣接する (図 4.9 参照)．

鳩の巣原理より，枝 (v_1, v_i) と (v_{i-1}, v_n) が両方とも存在する i ($3 \leq i \leq n-1$) が存在する．このとき，$v_1, v_2, \ldots, v_{i-1}, v_n, v_{n-1}, \ldots, v_i, v_1$ はハミルトン閉路になる (図 4.10 参照)．G' はハミルトン閉路をもっていないはずなのにハミルトン閉路が見つかったので，矛盾が示せた．

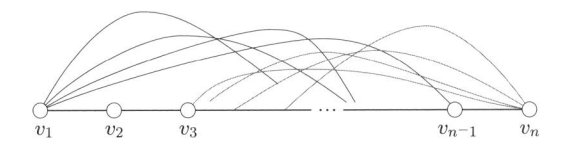

図 4.9

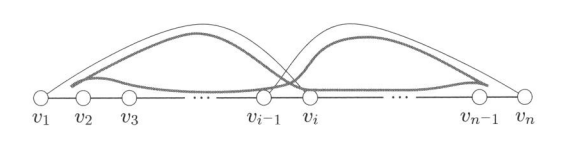

図 4.10

ディラックの定理の証明で，鳩の巣原理を使って i の存在を示す部分は，簡単に読み飛ばさず自分で厳密な証明を組み立てて欲しい．

―――――○ 章　末　問　題 ○―――――

1● つぎのグラフの例を挙げよ．
　　(1) ハミルトン閉路をもつがオイラー回路をもたないグラフ
　　(2) オイラー回路をもつがハミルトン閉路をもたないグラフ
2● ディラックの定理の証明にならってオアの定理を証明せよ．

第5章 グラフの彩色

本章では，グラフの彩色を取り扱う．グラフの彩色には頂点彩色，辺彩色の 2 種類あり，それぞれ 5.1 節，5.2 節で紹介する．グラフの彩色はスケジューリングにも利用でき，また平面グラフの頂点彩色は有名な 4 色問題とも関係が深い．本章では 4 色問題およびその関連問題にも触れる．

5.1 頂点彩色

グラフの**頂点彩色** (vertex coloring) とは，グラフの各頂点に色を割りあて，どの枝も両端の頂点の色が異なるようにするものである (図 5.1 参照)．頂点数を n とすると，n 色使えば当然条件を満たすことができる．ここでは，できるだけ少ない色で条件を達成することが目的である．

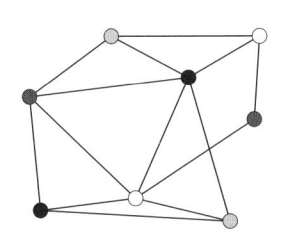

図 5.1

頂点彩色は，スケジューリングに応用できる．たとえば学園祭で映画を 10 本上映するとしよう．簡単のため，どれもちょうど 2 時間だとする．生徒にアンケートをとり，どの映画を見たいかを答えてもらう．各映画を頂点とした 10 頂点のグラフを作り，たとえば映画 i と j を両方見たい生徒がいたら，頂点 i と頂点 j の間に枝 (i,j) を張る．このようにしてできたグラフを頂点彩色したとし

よう．このとき，同じ色で塗られている頂点に対応する映画はすべて，同じ時間に上映することができる．なぜなら，それらの間には枝がないため，その中から二つ以上の映画を見たいと言った生徒はいないからである．よって，色ごとに上映時間枠を設ければよく，使う色数を最小化することは，全体の上映時間枠数を最小化することに等しい（ただし，この例では上映室が十分にあると仮定している）．ちなみに，上で述べた n 色使う彩色は，すべての映画を 1 本ずつ順番に上映することに対応する．

頂点彩色を形式的に定義する．グラフ $G = (V, E)$ の **k–頂点彩色**とは，写像 $f: V \to \{1, 2, \ldots, k\}$ であり，任意の枝 $(u, v) \in E$ について $f(u) \neq f(v)$ を満たすものである（つまり，整数を色に見立てている）．グラフ G に k–頂点彩色が存在するとき，G は **k–頂点彩色可能**であるという．定義より，G が k–頂点彩色可能ならば G は自明に $(k+1)$–頂点彩色可能である（単に $k+1$ 色目を使わなければよい）．G が k–頂点彩色可能であるような最小の k を G の**頂点彩色数** (chromatic number) といい，$\chi(G)$ で表す（つまり，G は $\chi(G)$–頂点彩色可能だが，$(\chi(G) - 1)$–頂点彩色可能ではない）．

問題 5.1

図 5.1 のグラフの頂点彩色数を求めよ．

解答 5.1

3 である．簡単なので塗り方は省略する．2 色で塗れないことも明らかである．

問題 5.2

任意のグラフ G は $(\Delta(G) + 1)$–頂点彩色可能であることを示せ（$\Delta(G)$ の定義は 7 ページにある）．

解答 5.2

G の頂点に適当な順番を付け，この順番で $\Delta(G) + 1$ 色を使って塗っていく．頂点 v が塗られる順番になったときには，v に隣接する頂点に使われていない色で v を塗る．$d(v) \leq \Delta(G)$ なので v に隣接する頂点は高々 $\Delta(G)$ 個しかなく，それらすべてに異なる色が使われていたとしても 1 色余るので，v は必ず塗ることができる．よって，この方法ですべての頂点を塗ることができる．

問題 5.3

上記の問題 5.2 の命題は最適である（これ以上改良できない）ことを示せ．すなわち，$\Delta(G)$–頂点彩色できない G を示せ．

解答 5.3

完全グラフ K_n は $\Delta(G) = n - 1$ である．一方，すべての頂点に異なる色を与えないと条件を満たせないので，n 色必要であり K_n は $\Delta(G)$–頂点彩色できない．

奇数長の閉路は $\Delta(G) = 2$ である．一方，この閉路は 2 色だけでは条件を満たす頂点彩色ができないので，これも解答例になっている．

5.1.1 ブルックスの定理

頂点彩色数に関する**ブルックス (Brooks) の定理**とよばれる定理を紹介する．

定理 5.1 ブルックス (Brooks) の定理

連結グラフ G が，完全グラフでもなく奇数長閉路でもないならば，G は $\Delta(G)$–頂点彩色可能である．

問題 5.2 で見たように，すべてのグラフは $(\Delta(G) + 1)$–頂点彩色可能である．ブルックスの定理は，実際に $\Delta(G) + 1$ 色必要とするのは，問題 5.3 の解答例で見た完全グラフと奇数長閉路のみであるということを述べている．証明は複雑なので，ここでは，以下のより弱い定理を証明する (章末問題 3 を参照)．

定理 5.2

正則でない連結グラフ G は，$\Delta(G)$–頂点彩色可能である．

証明 5.2

グラフ G は連結なので必ず全域木が存在する．任意の全域木を T とする．G は正則ではないので，最大次数ではない（すなわち次数が $\Delta(G)$ ではない）頂点が存在する．それを v とする．（ここでの「次数」とは，T での次数ではなく G での次数であることに注意して欲しい．）全域木 T において，v を根と考える．T において，葉から根の方向に向かって頂点を順番に塗ってい

く．より正確には，頂点 u が塗られる段階では，u より葉側にある頂点がすべて塗られていなくてはならない．たとえば，図 5.2 では，全域木を太い枝で表している．頂点に付けられた数字の順番に塗ると，上述の条件を満たしている．問題 5.2 でやったように，頂点 u の順番のときは $\Delta(G)$ 色の中で u に隣接する頂点に使われていない色で u を塗る．u に使える色が必ず存在することを以下に示す．

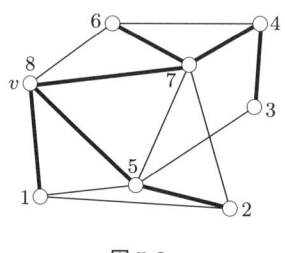

図 5.2

$u \neq v$ のとき，T 上で u よりも根側の頂点はまだ塗られていない．つまり，u の周りにはまだ塗られていない頂点が少なくとも一つ存在する．よって，u の周りに使われているのは高々 $d(u) - 1 \leq \Delta(G) - 1$ 色であり，使われていない色が存在するので，その色を u に使える．最後に v を塗るとき（$u = v$ のとき）は，v の周りの頂点はすべて塗られているが，v は最大次数ではないので $d(v) \leq \Delta(G) - 1$ である．よって，周りには高々 $\Delta(G) - 1$ 色しか使われていないので，やはり使われていない色が存在し，その色を v に使える． □

●5.1.2　k–頂点彩色問題●

頂点彩色では，グラフ G が与えられて，G の頂点をできるだけ少ない色で彩色することが目的であった．ここからは，それに対応する判定問題である **k–頂点彩色問題** を考える．グラフ G と正整数 k が与えられて，G が k–頂点彩色可能か否かを YES または NO で答える問題である．以下では，$k = 1, 2, 3, 4$ について見てみよう．

1–頂点彩色問題

グラフに枝が存在しなければ答えは「YES」．グラフに 1 本でも枝があれば答えは「NO」である．

2–頂点彩色問題

「G が 2–頂点彩色可能であること」，「G が 2 部グラフであること」，「G が奇数長の閉路をもたないこと」の三つは同値である．以下にこれを示す．

定理 5.3

G が 2–頂点彩色可能であるための必要十分条件は，G が 2 部グラフであることである．

証明 5.3

G が 2–頂点彩色可能であるとする．その塗り方に応じて頂点を V_1 (色 1 で塗られた頂点集合) と V_2 (色 2 で塗られた頂点集合) に分ける．V_1 内の頂点はすべて同じ色で塗られているので，V_1 内の頂点同士には枝はない．同じことが V_2 にもいえる．よって，G は 2 部グラフである．

逆に，G が 2 部グラフであるとすると，頂点を V_1 と V_2 に分割し，各 V_i 内部には枝がないようにできる．V_1 の頂点をすべて色 1 で，V_2 の頂点をすべて色 2 で塗れば，G を 2–頂点彩色することができる． □

定理 5.4

G が 2–頂点彩色可能であるための必要十分条件は，G が奇数長閉路をもたないことである．

証明 5.4

G が奇数長の閉路 $v_1 v_2 \ldots v_t v_1$ をもつとする．G を 2 色で塗るためには，閉路に沿って色を交互に割りあてなければならないが，t は奇数なので v_1 と v_t は同じ色になる．しかし，(v_1, v_t) という枝があるので，G は 2–頂点彩色できない．これは，「G が 2–頂点彩色可能であれば，G は奇数長閉路をもた

ない」の対偶を示したことになる.

逆に, G が奇数長閉路をもたないと仮定し, G が 2-頂点彩色可能であることを示す. (以下では G が連結であると仮定する. 非連結な場合は, 以下の議論を連結成分ごとに行えばよい.) 任意の 1 頂点を v とし, $S_1 = \{v\}$ とする. つぎに, v に隣接している頂点からなる集合を S_2 とする. S_2 の中のいずれかの頂点に隣接する頂点で, まだ S_1 にも S_2 にも入っていない頂点からなる集合を S_3 とする. 以下同様に, S_i の中のいずれかの頂点に隣接する頂点で, まだ $S_1, S_2, \ldots, S_i$ のいずれにも入っていない頂点からなる集合を S_{i+1} とする. この操作を, すべての頂点がいずれかの S に所属するまで繰り返す.

まず S_i と S_j について, $j \geq i+2$, すなわち i と j が 2 以上離れている場合には, S_i と S_j の間に枝がないことを示そう. 仮に $u\,(\in S_i)$ と $w\,(\in S_j)$ の間に枝があったとしよう. すると, w は S_j に入るよりも先に S_{i+1} に入れられているはずなので, 矛盾である.

つぎに, 同じ S_i に所属する 2 頂点 u_i, w_i 間に枝がないことを示そう. u_i, w_i 間に枝があったとして, 矛盾を導く. S_i の作り方より, u_i も w_i も S_{i-1} の頂点に対して枝をもつ (図 5.3 に, $S_i = S_7$ とした例を示す). もし, 同じ頂点に対して枝をもてば, 長さ 3 の閉路ができてしまう. よって, 異なる頂点に対して枝をもつとして. それらを u_{i-1} と w_{i-1} としよう. S_{i-1} の作り方より, u_{i-1} も w_{i-1} も S_{i-2} の頂点に対して枝をもつ. もし, 同じ頂点に対して枝をもてば, 長さ 5 の閉路ができてしまう. よって, 異なる頂点に対して枝をもつとする. この議論を続けていくと, S_1 に所属する v まで遡るが, やはり奇数長の閉路を作ってしまい, 仮定に矛盾する.

$S_1 \cup S_3 \cup S_5 \cup \cdots$ に所属する頂点を色 1 で, $S_2 \cup S_4 \cup S_6 \cup \cdots$ に所属す

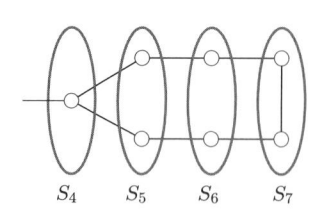

図 5.3

る頂点を色 2 で塗ると，上記の議論より同じ色の頂点間には枝はない．よって，G は 2–頂点彩色可能である． □

3–頂点彩色問題

ここでは詳しくは述べないが，3–頂点彩色問題は NP 完全問題である．すなわち，3–頂点彩色可能性を判定する効率のよいアルゴリズムは存在しそうにない．

4–頂点彩色問題 ―地図の 4 色塗り分け―

3–頂点彩色問題からの簡単な還元により，4–頂点彩色問題も NP 完全問題であることがいえる．ここでは，少し違った話題について述べよう．

「平面上の空白地図を，となり合う領域が同じ色にならないように 4 色を使って塗ることが可能か．」という問題は，**4 色問題** (the four color problem) とよばれる有名な問題である．たとえば図 5.4 の地図は，図に書かれた色番号で領域を塗ることにより，4 色で塗り分けることができる．

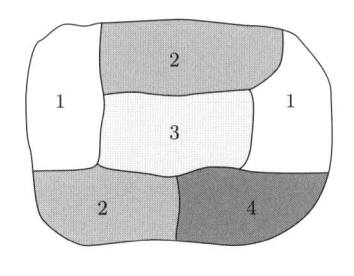

図 5.4 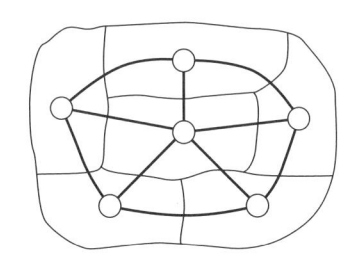　　　　図 5.5

平面に描かれた地図は，領域を頂点とし，となり合う領域を枝で結ぶと，平面グラフになる (図 5.5 参照)．また，この逆の操作をすることにより，任意の平面グラフはそれに対応する地図に変換できる．よって，4 色問題は，「すべての平面グラフが 4–頂点彩色可能かどうか」という問題と等価である (平面的グラフは平面グラフとして描画できるので，「すべての平面的グラフが 4–頂点彩色可能かどうか．」とも等価であるが，以下では「平面グラフ」で統一する)．

文献によると，この問題が提起されたのは 1852 年であり，長い間未解決であったが，1977 年に Appel と Haken により肯定的に解決された．すなわち，

すべての平面グラフは 4–頂点彩色可能である．このステートメントは **4 色定理** (the four color theorem) とよばれる．4 色定理の証明は難しいので，ここでは **5 色定理** (the five color theorem) を証明しよう．その準備として，まず以下の補題を証明する．

補題 5.5

平面グラフには，次数 5 以下の頂点が存在する．

証明 5.5

グラフは連結であると仮定する（連結でない場合は，以下の議論を一つの連結成分に対して行えばよい）．連結な平面グラフの頂点数を n，枝数を m，面数を h とすると，定理 1.2 のオイラーの公式より

$$n + h = m + 2 \tag{5.1}$$

が成り立つ．補題 5.5 は，枝数が 1 以下のグラフでは必ず成り立つので，以下では枝数は 2 以上だとする．各面は 3 本以上の枝を境界としてもち，一つの枝は二つの面としか境界をもたないので

$$3h \leq 2m \tag{5.2}$$

となる．式 (5.1), (5.2) から h を消去すると，

$$3n \geq m + 6 \tag{5.3}$$

が得られる．全頂点の次数の総和を D とおくと，問題 1.2 の握手定理より $D = 2m$ なので，式 (5.3) に代入し m を消去することで

$$\frac{D}{2} + 6 \leq 3n \tag{5.4}$$

となる．これより

$$\frac{D}{n} \leq 6 - \frac{12}{n} < 6 \tag{5.5}$$

となるが，これは平均次数が 6 より小さいことを意味する．平均以下の次数

をもつ頂点が必ず存在するが，次数は整数なので次数 5 以下の頂点が存在する．　□

準備が整ったので，5 色定理の証明に入る．

定理 5.6　5 色定理

任意の平面グラフは 5–頂点彩色可能である．

証明 5.6

証明は頂点数に関する帰納法で行う．頂点数が 5 以下の平面グラフについて成り立つことは自明である．k 頂点以下のすべての平面グラフに対して 5 色定理が成り立っていると仮定する．$k+1$ 頂点の任意の平面グラフを G とし，G を 5–頂点彩色可能であることを示す．G の最小次数の頂点を v とすると，補題 5.5 より $d(v) \leq 5$ である．G から v とそれに接続する枝を削除したグラフを G' とする (図 5.6 参照)．

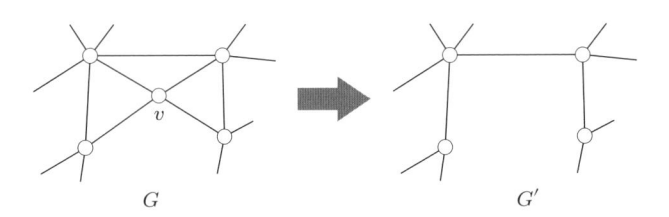

図 5.6

G' は頂点数 k の平面グラフなので，帰納法の仮定より G' は 5–頂点彩色可能である．$d(v) \leq 4$ の場合，v に隣接する頂点に使われている色数は 4 以下である．よって，v を残った色で塗ることができて，G の 5–頂点彩色が完成する．$d(v) = 5$ の場合でも，G' の 5–頂点彩色で v に隣接する頂点に使われている色数が 4 以下であれば，同じ議論が成り立つ．問題は，$d(v) = 5$ であり，v に隣接する頂点に使われている色がすべて異なる場合である (図 5.7 参照)．

この場合，2 色 (たとえば●と◎) に注目する．v に隣接する◎の頂点 (v_1 とする) から出発して，◎と●の頂点だけでできる連結成分を考える

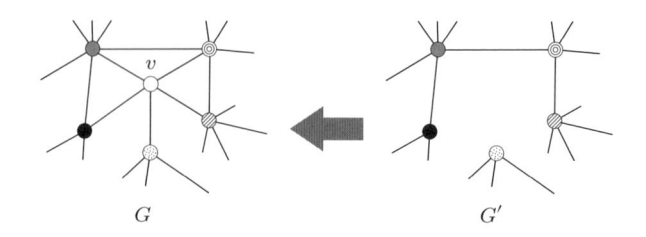

図 5.7

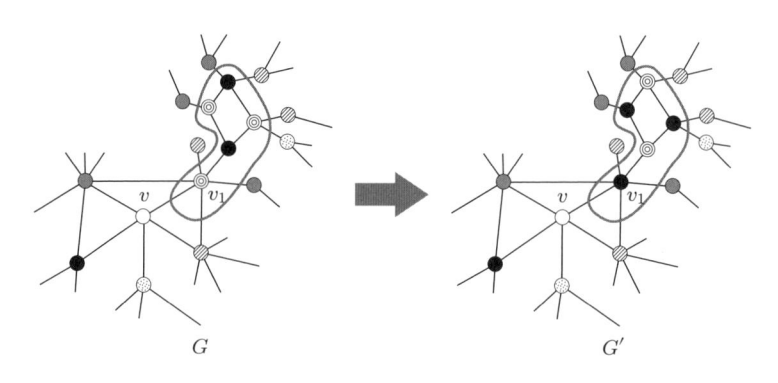

図 5.8

(図 5.8 左参照). この連結成分中で●と◎を入れかえても，正しい 5–頂点彩色になっている (図 5.8 右参照). v_1 は●で塗られ，v の周りから◎が消えたので，v を◎で塗ることができて，G の 5–頂点彩色が完成する．証明終わり（？）

しかし，上記の議論には欠陥がある．上で考えた連結成分が v に隣接する●の頂点 (v_2 とする) まで含んでいたらどうだろうか (図 5.9 参照)．この場合は，v_1 が●にかわるが，v_2 が◎にかわるため，依然として v の周りには 5 色使われており v を塗ることができない．

ここで平面性が活きる．v の周りで●で塗られている頂点を v_3，◎で塗られている頂点を v_4 とする．この二つの頂点に対して，先程と同じ議論を行えばよい．v_3 から出発して◎と●の頂点だけを含む連結成分は，v_4 に達することはできない．なぜなら，今，v_1 から v_2 へ●と◎の「橋」がかかっており，グラフは平面グラフなので，◎と●からなる連結成分がこの橋を越え

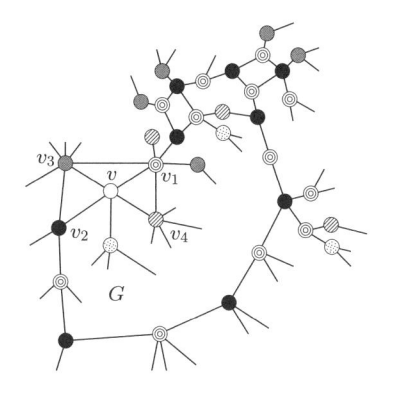

図 5.9

ることはできないからである．よって，この連結成分で◎と●を入れかえれば，v_3 は◎になるが v_4 は◎のままである．よって v を●で塗ることができ，G の 5–頂点彩色が完成する． □

　上記の証明では，「平面グラフには次数 5 以下の頂点が存在する」という事実を使った．もし，「平面グラフには次数 4 以下の頂点が存在する」ことがいえれば，同様の証明で 4 色定理を証明することができる．これは可能だろうか．すべての頂点の次数が 5 以上であるような平面グラフが作れれば，このアプローチに対する反例になる．試みて欲しい．

5.2　辺彩色

　グラフの **辺彩色** (edge coloring) とは，グラフの各枝に色を割りあて，どの頂点もそれに接続する枝の色がすべて異なるようにするものである (図 5.10 参照)．(本書では「辺」でなく「枝」という用語を使うと初めに書いたが，彩色に関しては「枝彩色」という言葉はあまり一般的ではないので，「辺彩色」を使う．)

　グラフ G を k 色で辺彩色できるとき，G は **k–辺彩色可能** であるという．G が k–辺彩色可能であるような最小の k を G の **辺彩色数** といい，$\chi'(G)$ で表す．つまり，G は $\chi'(G)$–辺彩色可能だが $(\chi'(G) - 1)$–辺彩色可能ではない．形式

図 5.10

的には，頂点彩色のところで見たように，辺彩色は枝集合から自然数への写像として定義するが，ここでは省略する．

● **問題 5.4**
　図 5.10 のグラフは 5 色で辺彩色されているが，これより少ない色で辺彩色可能か．

● **解答 5.4**
　次数 5 の頂点があり，これに接続する枝はすべて異なる色で塗らなければならないので，不可能である．

グラフ G に対して，G の頂点の次数の中で最大のものを $\Delta(G)$ と書くことを思い出して欲しい．上記の問題 5.4 でも使ったが，定義より $\chi'(G) \geq \Delta(G)$ となる．ビジング (Vizing) は以下の定理を示した．

定理 5.7　ビジング (Vizing) の定理
　任意のグラフ G に対して $\chi'(G) \leq \Delta(G) + 1$ が成り立つ．

したがって，$\Delta(G) \leq \chi'(G) \leq \Delta(G) + 1$ となる．つまり，辺彩色数はグラフの最大次数によって ± 1 の誤差で特徴づけることができるのである．頂点彩色では，彩色数の上限しか述べていなかった．実際，最大次数は大きいが頂点彩色数は小さいグラフを作ることができる．

● **問題 5.5**
　上で述べた「最大次数は大きいが頂点彩色数は小さいグラフ」を作れ．

解答 5.5

1 頂点と,それに隣接する $n-1$ 個の頂点からなるグラフを考える.これら $n-1$ 個の頂点間には全く枝がない.このようなグラフを**星グラフ** (star graph) という (図 5.11 参照).このグラフの最大次数は $n-1$ だが,2 部グラフなので 2–頂点彩色可能である.

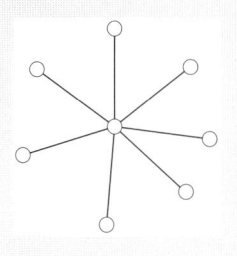

図 5.11

ケーニッヒ (König) は以下の定理を示した.これより,任意の 2 部グラフ G に対して $\chi'(G) = \Delta(G)$ であることがわかる.

定理 5.8 ケーニッヒ (König) の定理

任意の 2 部グラフ G に対して $\chi'(G) \leq \Delta(G)$ が成り立つ.

証明 5.8

枝数に関する数学的帰納法で証明する.枝数が 0 のグラフ G については,$\chi'(G) = 0$,$\Delta(G) = 0$ なので命題は成り立つ.

以下では,枝数 k 以下の任意の 2 部グラフに対して成り立つと仮定して,枝数 $k+1$ の 2 部グラフについても成り立つことを示す.枝数 $k+1$ の任意の 2 部グラフを $G = (U, V, E)$ とする.G の任意の枝 $e = (u, v)$ (ただし $u \in U$, $v \in V$) を 1 本削除したグラフを G' とする.G' は枝数が k であるので,帰納法の仮定より $\Delta(G')$–辺彩色可能である.また,G' は G から枝を削除したグラフなので,$\Delta(G') \leq \Delta(G)$ が成り立つ.よって,G' は $\Delta(G)$–辺彩色可能である.そこで以下では,この G' の辺彩色に対して,枝 $e = (u, v)$ を G' に戻して適切な色で塗ることにより,G を $\Delta(G)$ 色で塗ることを試みる.

G' における u と v の次数は G のときより 1 小さいので，$d_{G'}(u) \leq \Delta(G) - 1, d_{G'}(v) \leq \Delta(G) - 1$ である．(なお，$d_{G'}(u)$ とは，頂点 u の G' における次数を意味する．) よって，u に接続する枝には高々 $\Delta(G) - 1$ 色しか使われていない．同様に，v に接続する枝にも高々 $\Delta(G) - 1$ 色しか使われていない．今，G を $\Delta(G)$ 色で塗ることを考えているので，u, v それぞれについて接続する枝に使われていない色が少なくとも 1 色ある．もし，u でも v でも使われていない共通の色があれば，その色で枝 $e = (u, v)$ を塗ることにより，G を $\Delta(G)$ 色で辺彩色することができる．したがって，以下では，u で使われていない色と v で使われていない色には共通の色がない場合を考える．

u で使われていない色 (のうちの一つ) を α, v で使われていない色 (のうちの一つ) を β とする．仮定より，u では β が使われているし，v では α が使われている (図 5.12 左参照)．頂点 u から出発して，色 β で塗られている枝と色 α で塗られている枝を交互にたどり，これ以上この操作を続けられなくなるまで行う．一つの頂点には同じ色で塗られた枝は 1 本しか接続していないので，この操作では分岐せず，道を一意にたどることになる．また，この道は頂点 v には到達しない (*)．

この操作で得られた道上の色 α と β を入れかえても，正しい辺彩色になっている (図 5.12 右参照)．新たな辺彩色では，u も v も周りに色 β が使われていないので，枝 $e = (u, v)$ を色 β で塗ることにより，G を $\Delta(G)$ 色で辺彩色できる． □

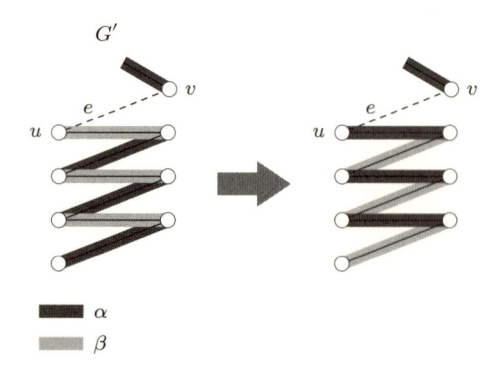

図 5.12

章末問題

1. つぎのグラフの頂点彩色数を求めよ.

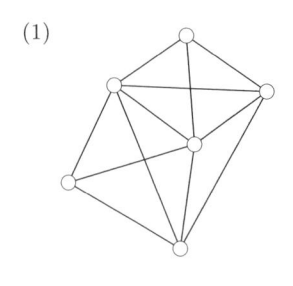

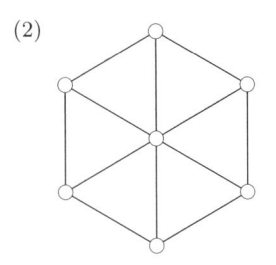

   (1) 図 5.13

   (2) 図 5.14

2. 4頂点完全グラフを部分グラフとして含まないが, $\chi(G) = 4$ となるグラフ G の例を挙げよ.

3. 定理 5.2 がブルックスの定理よりも弱いことを確かめよ.

4. つぎの条件を満たすグラフ G の例を挙げよ.
   (1) $\chi'(G) = \Delta(G)$
   (2) $\chi'(G) = \Delta(G) + 1$

5. ケーニッヒの定理の証明中の文 (*) が成り立つことを示せ.

第6章 最大流問題

ある地点から別の地点へ液体を流すとき，どのように流すと最も多く流せるだろうか．最大流問題は，グラフを使ってこの問題を定式化したものである．6.1 節で問題を定義したあと，6.2 節では最大流問題を解くフォード・ファルカーソン法について学ぶ．6.3 節では，グラフの頂点集合を 2 分割するカットを取り扱う．最大流とカットは全く異なる概念であるが，それらは密接に関係している．

6.1 最大流問題

図 6.1 のように，弧に重みの付いた有向グラフ $D = (V, A)$ が与えられる（有向グラフでは枝を「弧」とよぶことを思い出して欲しい）．ただし，重みは整数値とする．V 上には**ソース** (source) とよばれる頂点 s と**シンク** (sink) とよばれる頂点 t がある．各弧 e の重み $w(e)$ はその弧の太さを表し，その弧の向きに沿って $w(e)$ だけの液体を流すことができるものとする．このとき，s から t

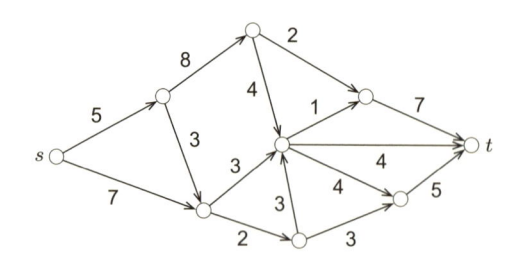

図 6.1　最大流問題の入力

に向かって最大どれだけの量の液体を流すことができるかを問うのが**最大流問題** (maximum flow problem または max-flow problem) である．この問題ではとくに，弧の重みのことを**容量** (capacity) とよぶ．

この問題を形式的に定義すると，以下のようになる．入力としては，上述のように有向グラフ $D = (V, A)$，2頂点 s, t，各弧 e の容量 $w(e)$ が与えられる．以下の条件を満たす，各弧への実数割りあて関数 f を**フロー** (flow) という．なお，弧 e に対して，$f(e)$ はその弧を流れる液体の量を意味している．

> **条件❶ 容量制限**：すべての弧 e に対して，$f(e) \leq w(e)$ である．
> **条件❷ フロー保存則**：s, t を除くすべての頂点 v に対して，
> $$\sum_{v \text{へ入る弧} e} f(e) = \sum_{v \text{から出る弧} e} f(e)$$
> が成り立つ．

条件❶は，各弧の流量が容量を超えないことを表しており，条件❷は，ソースとシンク以外の頂点では，入ってくる流量と出ていく流量が等しいことを表している．たとえば図 6.2 は，図 6.1 の入力に対するフローの一例である．ただし，各弧には $w(e)$ と $f(e)$ の値を $w(e)/f(e)$ のように表記してある．

フロー f の値とは

$$\sum_{s \text{から出る弧} e} f(e)$$

すなわち，s から出ていく総流量である．また，これはフロー保存則より

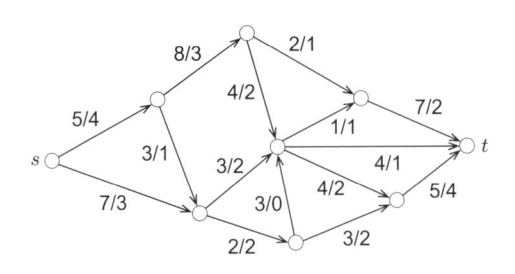

図 6.2 図 6.1 の入力に対するフローの例

$$\sum_{t \text{へ入る弧 } e} f(e)$$

すなわち, t に入ってくる総流量と等しい. これらは f によって s から t へ流れる総量を表している. たとえば, 図 6.2 のフローの値は 7 である. 値が最大のフローを**最大フロー** (maximum flow または max-flow) という. 最大流問題は, 最大フローを求める問題である.

● 問題 **6.1** ●

図 6.1 のグラフに対する最大フローを求めよ.

● 解答 **6.1**

以下の図 6.3 のとおり.

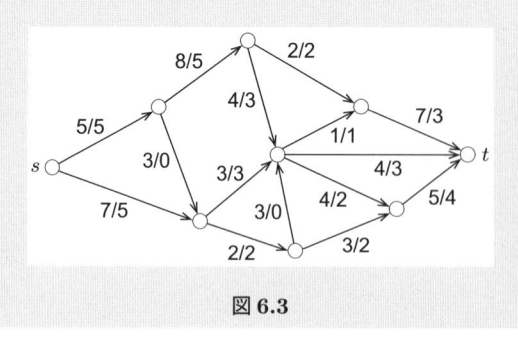

図 6.3

● 問題 **6.2** ●

問題 6.1 の解答がなぜ最大フローになっているのか, 理由をできるだけ簡潔に答えよ.

● 解答 **6.2**

s とその右下の頂点の 2 頂点からなる集合 X を考える (図 6.4 参照). X から外へ出ていく弧の容量はそれぞれ 5, 3, 2 であり合計は 10 である. つまり, s から流した液体は X からは 10 しか出ていけないため, 最大フローの値は 10 以下である. 問題 6.1 の解答ではこの 10 を達成しているため, 最大フローである.

図 6.4

6.2 フォード-ファルカーソン法

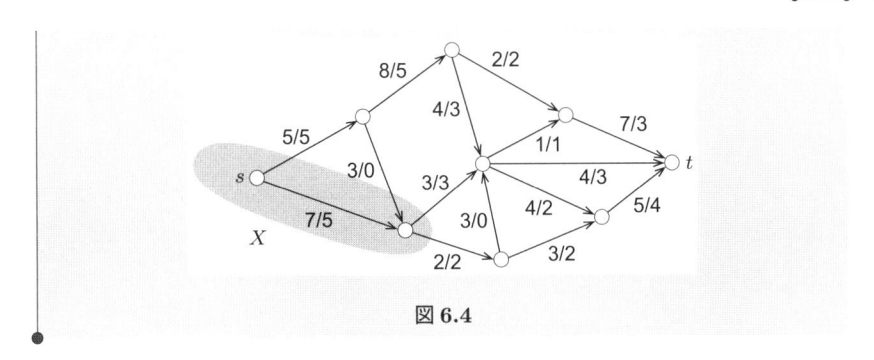

　最大流を求めるアルゴリズムとして，**フォード-ファルカーソン (Ford–Fulkerson) 法**が知られている．このアルゴリズムは，適当なフローから始めて，その時点のフローに追加でフローを流すことができるかどうかを判定する．追加できるなら追加して，さらに大きなフローを求めることを繰り返していくアルゴリズムである．追加できないときには，そのときのフローを出力する．

　フローの追加が可能か否かを判定するために，**残余ネットワーク (residual network)** を使う．残余ネットワークは現在のフロー f に対して定義される，弧に重みの付いた有向グラフ (以下では R とする) であり，頂点集合は入力グラフ D と同じである．弧は，入力グラフ D の弧と同じ向き，および，逆向きのものが存在する．D に弧 $e = (u, v)$ が存在したとしよう (有向グラフなので，u から v への向きであることに注意して欲しい)．このとき R には弧 (u, v) と (v, u) が存在し，(u, v) の重みは $w(e) - f(e)$，(v, u) の重みは $f(e)$ である．これは以下のように解釈される．弧 e には $u \to v$ の向きに $w(e)$ の量を流すことができるが，現在は $f(e)$ の量が流れている．したがって，$u \to v$ の向きにあと $w(e) - f(e)$ の量を流すことができる．また，今 $u \to v$ の向きに $f(e)$ だけ流れているので，$u \to v$ 向きの流れを $f(e)$ だけ減らすことができる．これを仮想的に，「$v \to u$ の向きに最大 $f(e)$ まで流せる」と考え，弧として表現している．ただし，弧の重みが 0 の場合は，その弧はグラフ R には含まないことにする．図 6.2 のフローに対する残余ネットワークを図 6.5 に示す．

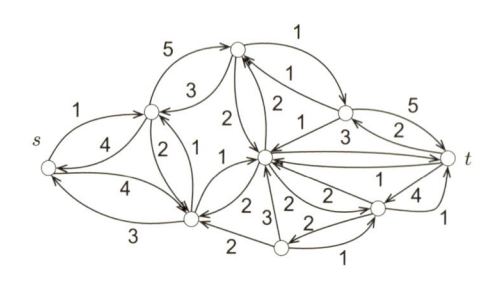

図 6.5 図 6.2 のフローに対する残余ネットワーク

残余ネットワーク上で s から t に至る道を**増大道** (augmenting path) という. また, 増大道 P の中で最も重みの小さな弧の重みをその増大道の容量といい, $c(P)$ と書く. すなわち, 増大道 P に沿って, s から t へさらに $c(P)$ だけの液体を流すことができる.

図 6.6 (a) の上側に, 図 6.5 の残余ネットワークの増大道（の一つ）を示す. この増大道の容量は 1 であるため, 図 6.2 のフローに対して, この増大道に沿って 1 だけさらに流すことができる. その更新の様子を図 6.6 (b) に示す.

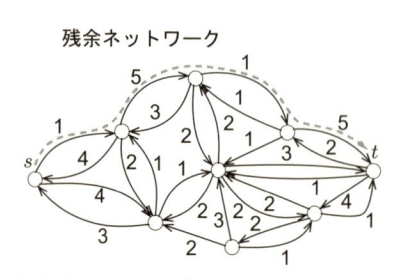

(a) 図 6.5 の残余ネットワークの増大道　　(b) (a) の増大道を使ったフローの更新

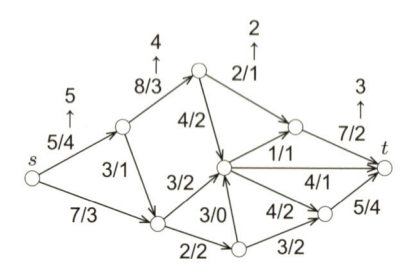

図 6.6

図 6.6 の更新を施すと, 残余ネットワークは図 6.7 (a) に示すように更新される. また, 同じ図に, その残余ネットワークの増大道も示している. 図 6.7 (b) に, その増大道に沿ったフローの更新の様子を示す.

なお, 図 6.7 (a) の増大道には, 液体を「逆向きに流す」, すなわち「現在の流れを減ずる」方向の弧が含まれている. この増大道に沿った更新を施すこと

6.2 フォード-ファルカーソン法

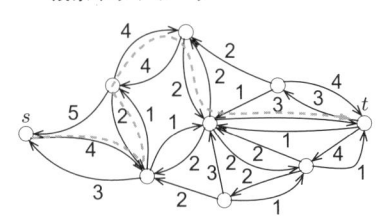

(a) 図6.6(b)のフローに対する残余
ネットワークとその増大道

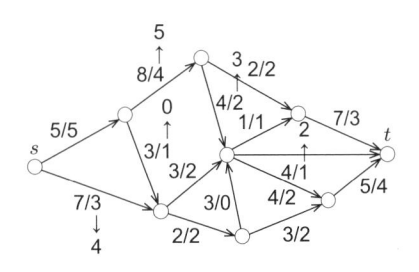

(b) (a)の増大道を使ったフローの更新

図 6.7

により，これまで1流れていた弧の流れが減らされて，0になっていることに注意して欲しい．これが，残余ネットワークに逆向きの弧を加える意味である．

フォード-ファルカーソン法は，このようにフローの値を増やしていき，これ以上増やせなくなったところで終了する．以下にアルゴリズムの流れを示す．

ステップ❶ 初期フロー f を求める (すべての弧 e に対して $f(e) = 0$ という，全く流れていないフローでもよい)．

ステップ❷ f に対する残余ネットワーク R を作る．

ステップ❸ R 上で増大道を探す．増大道があればそれに沿って f を更新し，ステップ❷に戻る．増大道がなければステップ❹へ．

ステップ❹ f を出力する．

なお，ステップ❷に「残余ネットワーク R をつくる」とあるが，一から構築するのはステップ❷が最初に実行されるときだけで，2回目以降（すなわち，ステップ❸から戻ってきた場合）は，前の残余ネットワークからの変更箇所のみを更新すればよい．このアルゴリズムが正しく動作する（すなわち，最大フローを求める）ことを示すためには，f の残余ネットワークに増大道が存在しない場合は f が最大フローであることをいえばよい．

定理 6.1

フロー f が最大フローであるための必要十分条件は，f の残余ネットワークに増大道が存在しないことである．

アルゴリズムの正しさを示すためには十分条件であることだけをいえばよいが，必要性はほぼ自明なので，ここではついでに必要十分条件として述べている．

証明 6.1

残余ネットワークに増大道が存在すれば，それに沿ってさらに流すことができるので f は最大フローではない．以下ではその逆，すなわち，残余ネットワークに増大道が存在しなければ f が最大フローであることをいう．

残余ネットワーク R に増大道が存在しないとしよう．R 上で s から到達可能な頂点集合を X とする (図 6.8 参照)．当然 t は X に含まれていない．

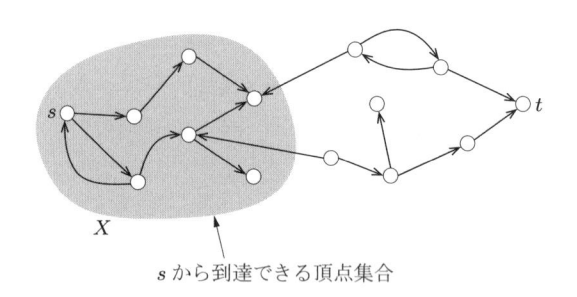

図 6.8 残余ネットワークの例

入力グラフ D に $u \in X$，$v \notin X$ となる弧 (u,v) があるとする．X の定義から，R には弧 (u,v) はない．ということは，残余ネットワークの定義から，$f(e) = w(e)$，すなわち D の弧 (u,v) には，その容量分だけ目一杯流れていることになる．

つぎに，入力グラフ D に $u \in X$，$v \notin X$ となる弧 (v,u) があるとする．X の定義から，R には弧 (u,v) はない．ということは，残余ネットワークの定義から，$f(e) = 0$，すなわち D の弧 (v,u) には全く流れていないことになる．

上記をまとめると，D 上で X の内部から外部へ出ていく弧（これを，以下では「外向き弧」とよぶ）は，すべてが容量一杯使われており，X の外部から内部へ入ってくる弧には全く流れていない．よって，f では X から外へ

向かって「外向き弧の容量の総和」分が流出していることになる．そして，s と t 以外の頂点ではフロー保存則が成り立っているので，その分の液体は s から「わき出て」いることになる．これがフローの値の定義であったので，「フロー f の値」＝「外向き弧の容量の総和」となっている．

一方，問題 6.2 で見たように，X から X の外へ向かって流すことのできる流量は，どんなに頑張っても「外向き弧の容量の総和」までである．したがって，s から t へ流すことのできる流量も，「外向き弧の容量の総和」までである．前段落の結論から，現在のフロー f はまさにこの値（「外向き弧の容量の総和」）を達成しているので，最大フローに他ならない． □

入力グラフの弧の各容量は整数値なので，フォード-ファルカーソン法では 1 回のフローの更新でフローの値は少なくとも 1 増える．したがって，最大フローの値を F とすると，フロー更新は最大 F 回しか起こらない．

図 6.9 に，フォード-ファルカーソン法に対して都合の悪い入力例を示す．最大フローの値は 2000 であるが，増大道の選ばれ方によっては，毎回の繰り返しでフローの値が 1 ずつしか増えず，2000 回のフロー更新を要する（図 6.10 参照）．

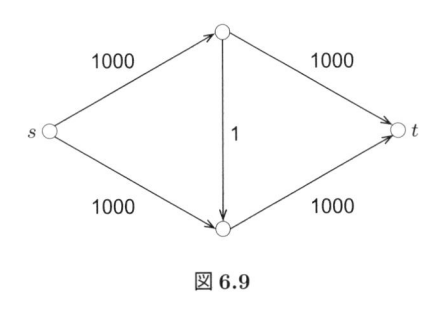

図 6.9

● 問題 6.3 ●

図 6.1 のグラフにフォード-ファルカーソン法を適用し，最大フローを求めよ．

● 解答 6.3

省略．

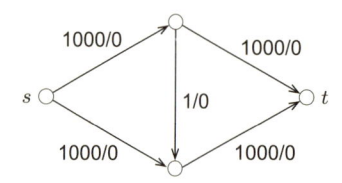

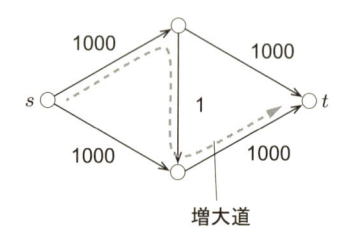

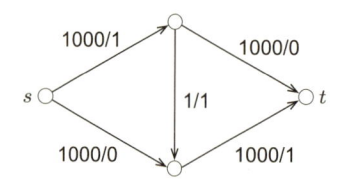

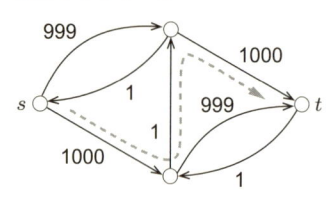

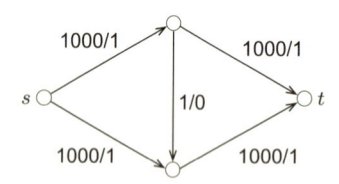

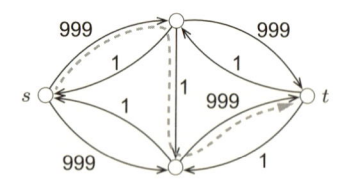

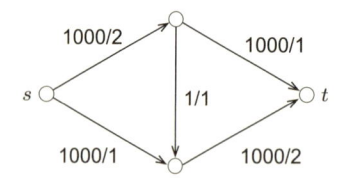

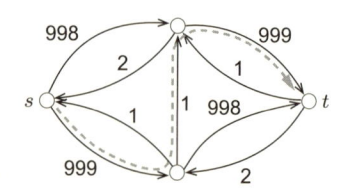

6章 最大流問題

最初のフロー / 残余ネットワーク

増大道

更新後のフロー / 残余ネットワーク

更新後のフロー / 残余ネットワーク

更新後のフロー / 残余ネットワーク

図 **6.10**

6.3 最大フロー・最小カットの定理

$D = (V, A)$ を最大フロー問題の入力グラフとする．s を含み t を含まない頂点部分集合，すなわち，$Y \subseteq V, s \in Y, t \notin Y$ となる Y を，D の**カット** (cut) という．弧 $(u, v) \in A$ で $u \in Y$ かつ $v \in V - Y$ であるものを Y の**カット弧** (cut arc) という．すなわち，カット弧とは Y から外へ向かう弧のことである（外から Y に入ってくる弧はカット弧ではないことに注意して欲しい）．カット Y の**サイズ** (size) とは，Y のカット弧の重みの合計である．図 6.11 は図 6.1 のグラフのカットの一例であり，そのサイズは $2 + 1 + 4 + 4 + 2 = 13$ である．

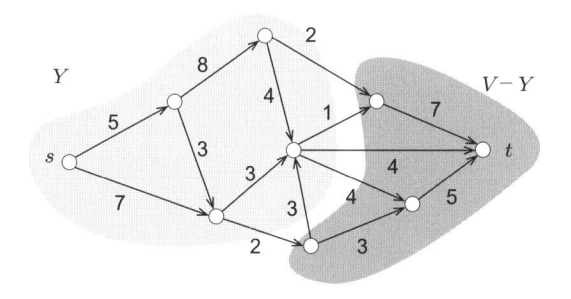

図 6.11 図 6.1 のグラフのカット

グラフ D の**最小カット** (minimum cut) とは，D のカットの中で最小サイズのものである．

●問題 **6.4** ●

図 6.1 のグラフの最小カットを求めよ．

●解答 **6.4**

図 6.12 のとおり．

図 6.12

以下は，**最大フロー・最小カットの定理**とよばれる定理である．

定理 6.2　最大フロー・最小カットの定理

任意のグラフについて，最大フローの値と最小カットのサイズは等しい．

証明 6.2

グラフ D の最大フローの値を F，最小カットのサイズを C とする．$F \leq C$ であることは，定理 6.1 の証明内の議論から明らかである．すなわち，最小カットを Y とすると，Y から外に出ていくことのできる流量は C 以下なので，最大フローのサイズが C を超えることはあり得ない．

以下では $C \leq F$ を示す．こちらも定理 6.1 の証明の議論とほぼ同様である．フォード–ファルカーソン法で最大フローを求める．アルゴリズムが停止したときの残余ネットワーク R 上で頂点 s から到達可能な頂点集合を X とすると，R は増大道をもたないので t は X に入らない．よって，X はグラフ D のカットである．X から $V - X$ に向かう弧（「外向き弧」とよんでいた弧）の容量の合計が，カット X のサイズである．R 上では X から外に向かう弧は存在しないので，最大フローにおいて，外向き弧はすべてが目一杯使われており，逆に，$V - X$ から X に向かう弧は全く使われていない．したがって，「カット X のサイズ」＝「最大フローの値」＝ F である．サイズ F のカットが存在するので，最小カットのサイズは F 以下であり，$C \leq F$ が示せた． □

○章 末 問 題○

1 ● 図 6.13 のグラフに対して，図 6.14 のフローが流れているときの，残余ネットワークを図示せよ．また，その残余ネットワーク上の増大道を見つけよ．

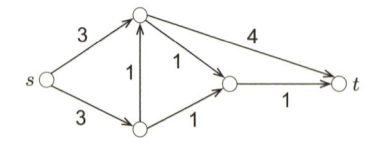

図 6.13

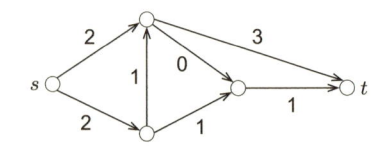

図 6.14

2 ● 図 6.13 のグラフに対する最大フローの値はいくらか求めよ．

3 ● 図 6.13 のグラフに対する最小カットを求めよ．

7章 マッチング

グラフの頂点をペアにするのがマッチングである．マッチングはとくに 2 部グラフに対する応用が重要なため，本章では主に 2 部グラフ上のマッチングに絞って解説する．7.2 節では完全マッチングをもつための必要十分条件を紹介し，7.3 節では最大マッチングを求めるハンガリー法というアルゴリズムを学ぶ．また，前章で扱った最大流問題を使って最大マッチングを求めることもできる．これを 7.4 節で見る．

7.1 マッチング

この章では無向グラフを取り扱う．グラフ $G = (V, E)$ の枝の部分集合を M とする (すなわち $M \subseteq E$)．M に含まれるどの二つの枝も，同じ頂点を端点としてもたないとき，M を G の**マッチング** (matching) という．

● 問題 7.1 ●

図 7.1 のグラフのマッチングを求めよ．

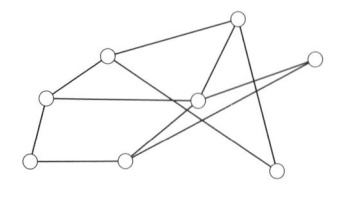

図 7.1

● 解答 7.1

　図 7.2 (a) に太線で示した枝集合は，マッチングの一例である．なお同図 (b) は，二つの枝が同じ頂点を共有しているので，マッチングではない．

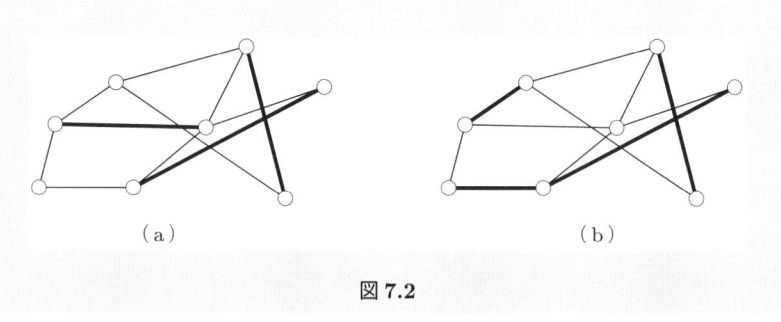

図 7.2

　定義より，たとえば 1 本の枝からなる集合もマッチングであり，空集合もマッチングであることに注意して欲しい．

　マッチングは，とくに 2 部グラフ上での応用が多い．2 部グラフ $G = (U, V, E)$ に対して，たとえば，U の頂点を人に，V の頂点を仕事に対応させる．人 u が仕事 v を遂行できるとき，$(u, v) \in E$ とする．ここで，各人は同時に二つ以上の仕事はできないし，各仕事は 1 人いれば十分であるものとする．このとき G のマッチングは，上記の条件のもとで仕事を人に割り振ることに対応する (図 7.3 参照)．また，たとえば，U の頂点を男性に，V の頂点を女性に対応させる．男性 u と女性 v が付き合ってもよいと思っているとき，$(u, v) \in E$ とする．このとき G のマッチングは，カップルの集合に相当する．

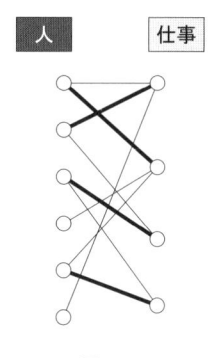

図 7.3

マッチング M に含まれる枝に接続している頂点は，**マッチしている** (matched) という．M に含まれる枝の数を M の**サイズ** (size) といい，$|M|$ と表す．

$G = (V, E)$ のマッチング M に対して，$E - M$ のどの枝を M に追加しても M がマッチングとならないとき，M は**極大マッチング** (maximal matching) であるという．また，M が G のマッチングの中でサイズが最大である場合，M は**最大マッチング** (maximum matching) であるという．最大マッチングは当然極大マッチングであるが，逆は必ずしも成り立たない．

●**問題 7.2** ●
極大マッチングであるが最大マッチングでない例を挙げよ．

●**解答 7.2** ●
図 7.4 (a) のグラフにおいて，(b) の上段に示したマッチングは極大マッチングである．しかし，同じグラフにサイズ 2 のマッチング ((b) の下段) が存在するので，これは最大マッチングではない．

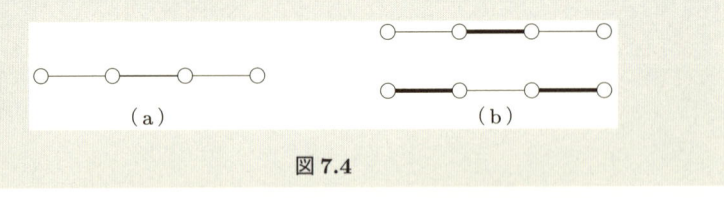

図 7.4

すべての頂点がマッチしているマッチングを**完全マッチング** (perfect matching) という．M が完全マッチングならば，$|M| = |V|/2$ である．

7.2　2 部グラフ上のマッチング

この節では，2 部グラフ $G = (U, V, E)$ で $|U| = |V|$ であるグラフを取り扱う．

●**問題 7.3** ●
図 7.5 のグラフは，それぞれ，完全マッチングをもつか．もつ場合は完全マッチングを示せ．もたない場合は，その理由をできるだけ簡潔に答えよ．

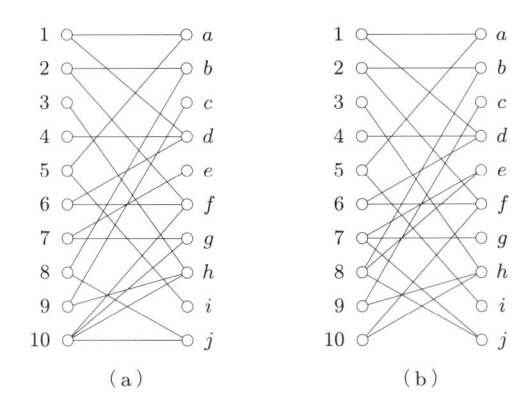

図 7.5

解答 7.3

図 (a) のグラフはもつが図 (b) のグラフはもたない (図 7.6 参照). 図 (b) のグラフにおいて, 左側の頂点 3, 4, 6, 10 に隣接しているのは d, f, h の 3 頂点のみであるので, 3, 4, 6, 10 をすべてマッチさせることはできない.

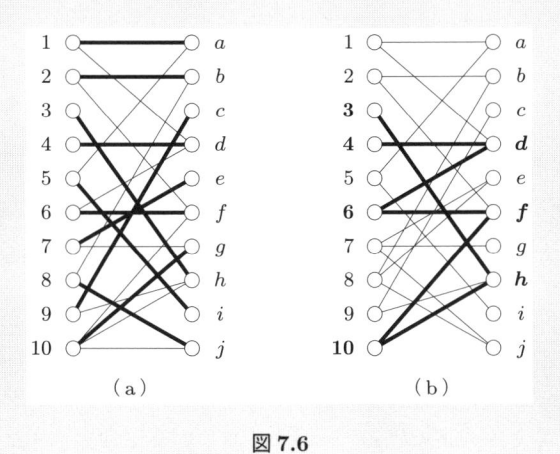

図 7.6

問題 7.3 (b) から, ある $S \subseteq U$ が存在して $|\delta(S)| < |S|$ であるならば, $G = (U, V, E)$ は完全マッチングをもたないことがわかる. ただし, $\delta(S)$ は S 内の少なくとも一つの頂点に隣接する頂点の集合である. では, その逆は成り立つだろうか. すなわち, このような S が存在しなければ, G は完全マッチングを

もつのだろうか．答えは YES である．以下は，ホール (Hall) によって示されたホール (Hall) の定理である．

定理 7.1　ホール (Hall) の定理

G が完全マッチングをもつための必要十分条件は，任意の $S \subseteq U$ に対して $|\delta(S)| \geq |S|$ となることである．

証明 7.1

「任意の $S \subseteq U$ に対して $|\delta(S)| \geq |S|$ となる」をホール条件とよぶことにする．完全マッチングをもつならばホール条件が成り立つことは，上で見たように明らかなので，以下ではその逆，すなわち，「ホール条件が成り立つならば完全マッチングをもつ」ことを示す．

$|U|$ に関する数学的帰納法を用いて証明する．$|U| = 1$ のグラフについて，ホール条件が成り立つということは，U の唯一の頂点から V の唯一の頂点に枝があるということなので，サイズ 1 の完全マッチングが存在する．

つぎに，$|U| \leq k$ となるすべてのグラフについて命題が成り立っていると仮定し，$|U| = k+1$ の任意のグラフ G についても命題が成り立つことを示す．以下の二つの場合を考える．

● 場合 1：任意の空でない $S \subset U$ に対して，$|\delta(S)| \geq |S| + 1$ である場合

ホール条件が成立するためには $|\delta(S)| \geq |S|$ でよいのに，もう 1 頂点分余裕があるという状況である（ただし，S が空の場合や，S が U 自身の場合は絶対に成立しない．「空でない $S \subset U$」となっていることに注意して欲しい）．この場合，グラフから任意の枝（$(1, a)$ とする）を取り除き，頂点 1 と a，およびそれらに接続するすべての枝を取り除く．できあがったグラフを $G' = (U', V', E')$ とする．$|U'| = k$ であり，場合 1 の条件から G' はホール条件を満たす（もともと余裕があったので，頂点 a がなくなっても大丈夫である）．したがって，帰納法の仮定より G' は完全マッチング M' をもつ．$M' \cup \{(1, a)\}$ は G の完全マッチングなので，この場合は G が完全マッチングをもつことが示された．

○ **場合 2**：ある空でない $S \subset U$ に対して，$|\delta(S)| = |S|$ である場合

つまり，この S は，ホール条件を満たす「ギリギリ」の部分集合である．まず，S と $\delta(S)$ により誘導される誘導部分グラフ G_1 を考える．G がホール条件を満たすので，G_1 もホール条件を満たす．また S は U の真部分集合なので，$|U| \leq k$ である．よって，帰納法の仮定より G_1 は完全マッチング M_1 をもつ（図 7.7 (a) 参照）．

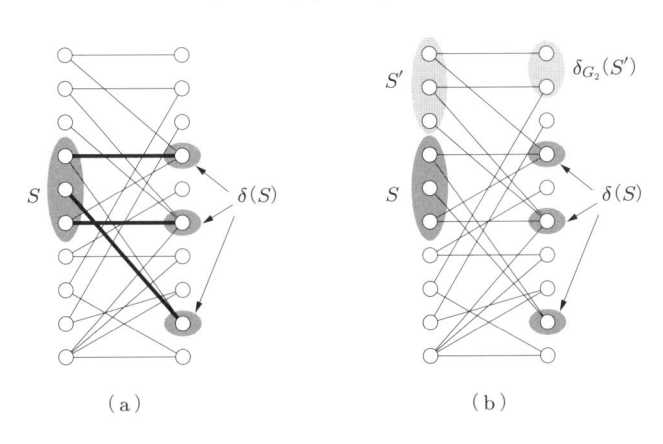

図 7.7

つぎに，G から $S \cup \delta(S)$ の頂点すべてと，これらの頂点に接続するすべての枝を削除したグラフを $G_2 = (U_2, V_2, E_2)$ とする．G_2 もホール条件を満たすことを背理法で示す．満たさないとすると，$S' \subseteq U_2$ が存在して $|\delta_{G_2}(S')| < |S'|$ である．ただし，ここでの S' の隣接頂点は，グラフ G 上ではなくグラフ G_2 上での接続関係に基づいたものである．このとき，元の G で $S \cup S'$ という頂点集合を考える (図 7.7 (b))．定義より $\delta(S)$ と $\delta_{G_2}(S')$ は共通部分をもたないので，$|\delta(S \cup S')| = |\delta(S)| + |\delta_{G_2}(S')| < |S| + |S'| = |S \cup S'|$ となり，G がホール条件を満たすことに矛盾する．したがって，G_2 はホール条件を満たし，$|U_2| \leq k$ なので帰納法の仮定から完全マッチング M_2 をもつ．$M_1 \cup M_2$ は G の完全マッチングである． □

ホールの定理は与えられた 2 部グラフが完全マッチングをもつ特徴づけを与えてくれているが，その条件チェックのためには $2^{|U|}$ 通りの部分集合をチェッ

クしなければならず，効率が悪い．次節では，最大マッチングを効率よく見つけるアルゴリズムを紹介する．

7.3 ハンガリー法

ここでも $G = (U, V, E)$ で $|U| = |V|$ に限定する．G のマッチング M において，G 上の道で M の枝と $E - M$ の枝を交互に通るものを，M の**交互道** (alternating path) という．たとえば，図 7.8 において $5a1d6$ は交互道である．

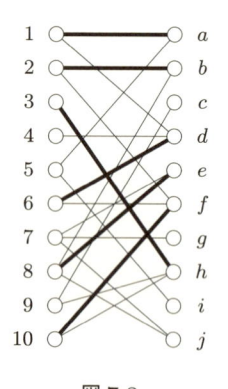

図 7.8

交互道であり，かつ，最初と最後の頂点が M でマッチしていないものを**増大道** (augmenting path) という．たとえば，図 7.8 において $7e8j$ は増大道である．定義より，増大道上の最初と最後の枝はマッチングに属さない枝である．したがって，増大道の長さ（含まれる枝の数）は奇数である．

増大道上で枝の役割を入れかえた結果 (すなわち，M に属する枝を M から削除し，M に属していなかった枝を M に加えたもの) もマッチングである．また，このマッチングは M よりもサイズが一つ大きい．つまり，あるマッチングに対して増大道を見つけて今の操作を施すと，サイズの大きいマッチングが得られる．逆に，増大道がないならばそれが最大マッチングであることもいえる．

定理 7.2

M が最大マッチングであるための必要十分条件は，M が増大道をもたないことである．

証明 7.2

この定理は，「M が最大マッチングで**ない**ための必要十分条件は，M が増大道を**もつ**ことである．」という命題と同じなので，こちらを証明する．M が増大道をもつならば，前述の操作により M よりもサイズの大きなマッチングを作ることができるので，M は最大マッチングではない．以下では逆を証明する．

M が最大マッチングでないとし，M^* を最大マッチング（の一つ）とする．仮定より $|M^*| > |M|$ である (図 7.9 参照)．

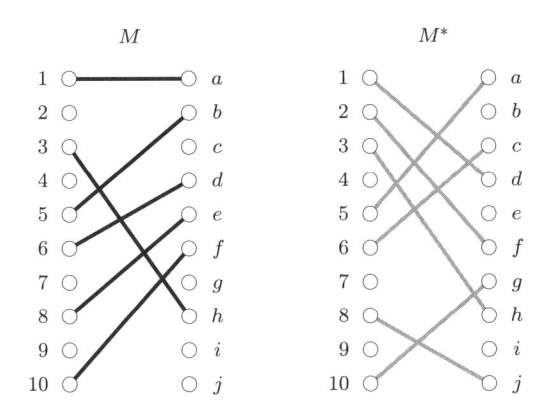

図 7.9

M^* と M を重ね合わせたグラフを考える．ただし，M と M^* に同じ枝がある場合は，並列枝をもつと考える (図 7.10 参照)．

このグラフの連結成分（のうち孤立頂点ではないもの）は，M の枝と M^* の枝が交互に現れる道か閉路である．閉路と偶数長の道は，M の枝と M^* の枝をちょうど同じ数だけもつ．奇数長の道のうち M の枝で始まって M の枝で終わるものは，M の枝を 1 本多くもつ．同様に，M^* の枝で始まって

図 7.10

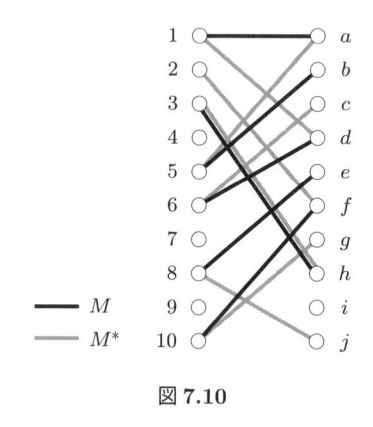

M^* の枝で終わる道は，M^* の枝を 1 本多くもつ．今 $|M^*| > |M|$ なので，M^* の枝で始まって M^* の枝で終わる奇数長の道 P が少なくとも一つはある (図 7.10 の $2f10g$)．P 上の M^* の枝は M に含まれていないため P は交互道であり，P の両端の頂点は M でマッチしていないので，P は増大道に他ならない． □

以下では，定理 7.2 を利用して最大マッチングを求める**ハンガリー法** (Hungarian method) というアルゴリズムを紹介する．このアルゴリズムの動きは，前章で見たフォード-ファルカーソン法に似ている．

ステップ❶ 任意のマッチング M を求める．
ステップ❷ M 上の増大道を探す．増大道があれば，それに沿って M を更新し，ステップ❷に戻る．なければステップ❸へ．
ステップ❸ M を出力する．

このアルゴリズムが最大マッチングを出力することは，定理 7.2 から明らかである．問題となる部分は，ステップ❷において，増大道が存在するならば必ず見つけることである．以下ではその手続きを示す．

手続き【AUGPATH】
❶ M でマッチしていない U の頂点を一つ選び u とする．
❷ u に隣接する V の頂点集合を T_1 とする．

❸ T_1 のなかで，M でマッチしていない頂点があれば，(長さ 1 の) 増大道が見つかる．

❹ T_1 のすべての頂点が M でマッチしているならば，それらの頂点とマッチしている U の部分集合を S_1 とする．

❺ S_1 のいずれかの頂点に隣接している V の頂点で，T_1 に入っていないものの集合を T_2 とする．

❻ T_2 のなかで，M でマッチしていない頂点があれば，(長さ 3 の) 増大道が見つかる．

❼ T_2 のすべての頂点が M でマッチしているならば，それらの頂点とマッチしている U の部分集合を S_2 とする．

❽ 以下，同様に繰り返していく．

図 7.11 (a) のマッチングに対して，AUGPATH を使って増大道を求める様子を見ていく．まず，❶で頂点 u として頂点 7 を選んだとしよう．7 には e, g, j が隣接するので $T_1 = \{e, g, j\}$ である (図 7.11 (b) 参照)．j は M でマッチしていないので，$7j$ という増大道が見つかった．

もう一つ，同じグラフと同じマッチングで，違う頂点からスタートする実行例を見てみる (図 7.12 参照)．❶で頂点 u として頂点 5 を選んだとする．$T_1 = \{a, h\}$ である (図 7.12 (a) 参照)．a も h も M でマッチしているので，❹に進

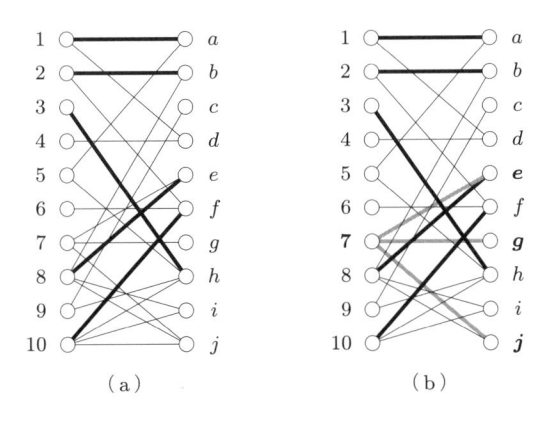

図 7.11

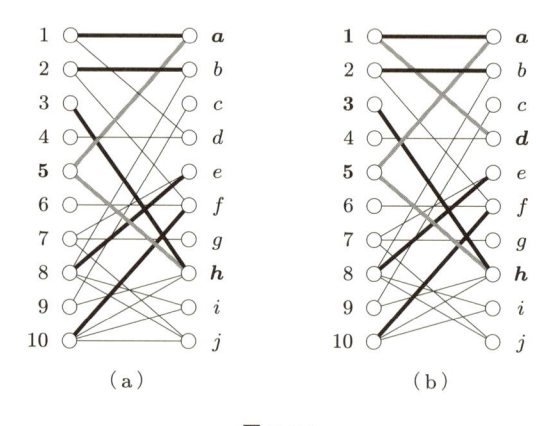

図 7.12

み，$S_1 = \{1, 3\}$ となる (図 7.12 (b) 参照)．❺に進み，頂点 1 と 3 に M で使われていない枝で隣接している頂点は d のみなので $T_2 = \{d\}$ である．d は M でマッチしていないので，増大道 $5a1d$ が見つかった．

増大道の探索は，この AUGPATH を，❶での頂点 u の選び方すべてについて実行するものである．この探索が必ず停止し，増大道があるならば必ず見つけることを以下で示す（ただし，正確な議論は長くなるので，概要を示すに留める）．

AUGPATH は各ステップで，G の枝を少なくとも一つたどる．また，同じ枝を 2 度たどることはない．したがって，AUGPATH は必ず停止する．つぎに，増大道が存在したとしよう．その増大道のうち最短のものを $P = u_0 v_1 u_1 v_2 u_2 v_3 \cdots v_k u_k v_{k+1}$ とする．(増大道の長さは奇数なので，その道の両

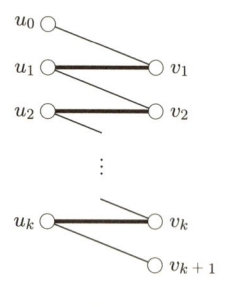

図 7.13

端の頂点は U 側に一つと V 側に一つあることに注意．U 側を u_0，V 側を v_{k+1} としている．) 定義より，u_0 は M でマッチしていない．よって，AUGPATH が❶で u_0 を選んで実行する可能性がある．この実行過程の❷で，v_1 は T_1 に入れられる．もし他の v_i が u_0 に隣接していたら，$u_0 v_i u_i v_{i+1} u_{i+1} \ldots v_k u_k v_{k+1}$ は P より短い増大道なので，P の最短性に矛盾する．よって，v_1 以外の v_i は T_1 には入らない．つぎに❹で，u_1 が S_1 に入るが，v_i $(i \geq 2)$ は T_1 に入っていないので，u_i $(i \geq 2)$ は S_1 に入らない．これを続けていくと，各 i に対して v_i が T_i に入り，u_i が S_i に入り，最終的に v_{k+1} は T_{k+1} に入る．v_{k+1} はマッチしていないので，この時点で増大道 P が見つかる．(正確には，他にも同じ長さの増大道があった場合には，実行順序によっては P より先にそちらを見つけることがある．ここでは，「少なくとも P を見落とすことはない」ということを主張している．)

7.4 最大フロー問題を使った解法

6 章で示した最大フロー問題を使って 2 部グラフの最大マッチングを見つけることもできる．入力グラフ $G = (U, V, E)$ から，最大フロー問題の有向グラフ D を以下のように作成する (図 7.14 参照)．

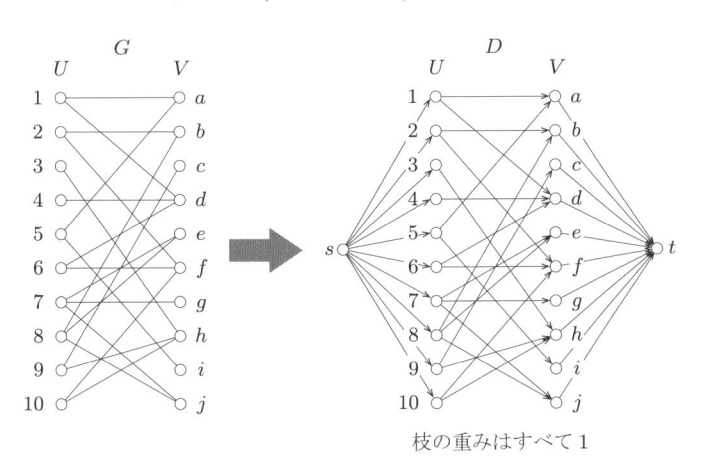

図 7.14

- D は枝に重み（容量）の付いた有向グラフである．
- D の頂点集合は，G の頂点集合 U, V にソース s とシンク t を加えたものである．
- s から U の全頂点へ弧があり，V の全頂点から t へ弧がある．
- U と V の間の弧集合は G の枝集合 E と同じで，向きはすべて U から V である．
- 弧の容量はすべて 1 である．

定理 7.3

G の最大マッチングのサイズと D の最大フローの値は一致する．

証明 7.3

G の最大マッチングを M とすると，M の枝 (に対応する D の弧) をすべて使って，D で値 $|M|$ のフローを流すことができる．よって，「D の最大フローの値 $\geq G$ の最大マッチングのサイズ」がいえる．

つぎに，D の最大フロー f を考える．f において，各弧には容量いっぱい (すなわち 1) 流れているか，全く流れていないかのいずれかである（詳細は述べないが，もし中途半端に流れている弧があれば，フローの値を減らすことなく，この条件に合うフローに変更できる）．U と V の間の弧のうち，f で使われているものの集合を F とすると，F の弧の容量はすべて 1 なので最大フロー f の値は $|F|$ である．また，F (に対応する G の枝集合) は G においてマッチングをなしている．なぜなら，たとえば $v \in V$ が F の二つの弧に接続しているとすると，フロー f により v へは 2 の量が流れてくる．しかし弧 (v, t) の容量は 1 なので，v からは 1 の量しか出ていけずフロー保存則に反する．$u \in U$ が F の二つの弧に接続している場合も同じ議論が成り立つ．よって，サイズ $|F|$ のマッチングの存在を示すことができたので，「G の最大マッチングのサイズ $\geq D$ の最大フローの値」がいえる． □

章 末 問 題

1 ● 図 7.15 (a), (b) のグラフの最大マッチングを求めよ.

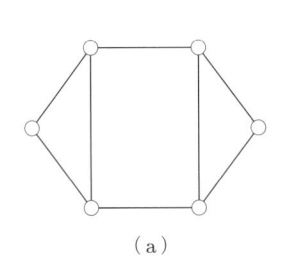

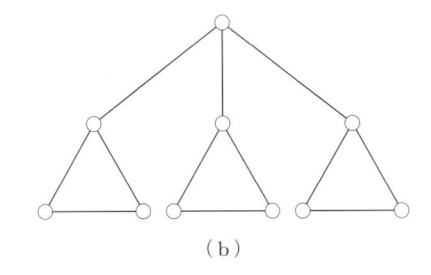

図 7.15

2 ● 図 7.15 (a), (b) のグラフの, 最大ではない極大マッチングを求めよ.
3 ● 任意の極大マッチングが最大マッチングとなるグラフの例を挙げよ.
4 ● 任意の極大マッチングのサイズは, 最大マッチングのサイズの半分以上である. このことを証明せよ.
5 ● $k \geq 1$ に対して, k-正則な 2 部グラフは完全マッチングをもつことを証明せよ.

章末問題の解答

1 章

1 もし問題文のような 2 頂点がないとすると，すべての頂点の次数は異なる．単純グラフを考えているので，頂点数を n とすると，各頂点の次数は 0 から $n-1$ のいずれかであるが，これは n 種類しかないので，次数 0 から次数 $n-1$ の頂点が 1 つずつ存在することになる．次数 0 の頂点は，他のどの頂点とも隣接していない．一方，次数 $n-1$ の頂点は，他のすべての頂点と隣接している．これは矛盾である．

2 1, 3, 5 を a, b, c に任意に対応させ，2, 4, 6 を d, e, f に任意に対応させる写像は，いずれも同型写像である．1, 3, 5 を a, b, c に対応させる方法は $3! = 6$ 通りで，2, 4, 6 を d, e, f に対応させるのも同じく 6 通りなので，合計 $6 \times 6 = 36$ 通りある．逆に，1, 3, 5 を d, e, f に，2, 4, 6 を a, b, c に対応させるのも同型写像になり，こちらも 36 通りあるので，合計 72 個の同型写像がある．

3 なっていない．以下の二つのグラフは共に頂点数 4，枝数 3 であるが，図 (a) のグラフには次数 3 の頂点があるのに対して，図 (b) のグラフにはないため，同型写像は作れない．

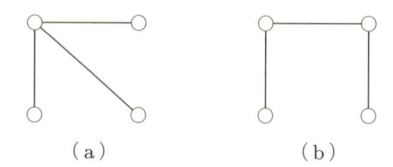

解図 1.1

4 なっていない．以下の二つのグラフは共に頂点数 6，枝数 6 であるが，次数列が $(2, 2, 2, 2, 2, 2)$ であるが，図 (a) は連結なのに対して図 (b) は非連結な

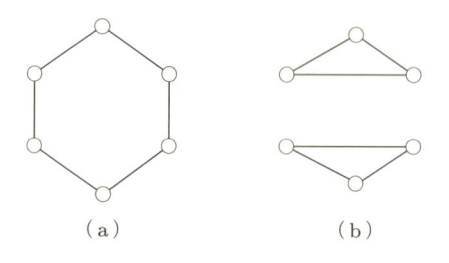

解図 1.2

ので明らかに同型でない.

5 (1) 全頂点の次数の和が奇数となるので，握手定理より存在しない．
(2) 存在しない．A^3 の (i,i) 成分が 0 でないとすると，頂点 v_i から v_i への長さ 3 の歩道が存在するが，これは長さ 3 の閉路に他ならない．この閉路上に存在する他の 2 頂点を v_j, v_k とすると，A^3 の (j,j) 成分および (k,k) 成分も 0 でないはずである．

6 $2n$ 頂点の完全グラフ K_{2n} の枝数は $_{2n}C_2 = 2n^2 - n$ である．G の枝数は n^2 なので，$\overline{G}$ の枝数は $2n^2 - n - n^2 = n^2 - n$ である．
（別解）$\overline{G}$ は二つの n 頂点完全グラフ K_n からなる．K_n の枝数は $_nC_2 = n(n-1)/2$ なので，$\overline{G}$ の枝数は $2 \times (n(n-1)/2) = n^2 - n$ である．

7 6 頂点完全グラフの各頂点を集まった 6 人だとみなす．u と v が知り合いのとき枝 (u,v) を赤色で塗り，知り合いでないとき枝 (u,v) を青色で塗る．どのような塗り方をしても，赤色の枝からなる長さ 3 の閉路（以下ではこれを「赤色三角形」とよぼう），または青色三角形ができることを示せばよい．グラフから適当に頂点を一つ選び v とする．v と残りの 5 頂点の間には，赤枝が 3 本あるか，青枝が 3 本ある（さもなければ，枝が 4 本以下しかないことになる）．赤枝が 3 本あるとしよう（青枝が 3 本の場合も同様に証明できる）．赤枝で v に隣接する頂点を v_1, v_2, v_3 とする．これらの間にある 3 本の枝のうち，一つでも赤枝があれば（たとえば (v_1, v_2)），v, v_1, v_2 で赤色三角形ができる．これら 3 本の枝がすべて青枝ならば，v_1, v_2, v_3 で青色三角形ができる．

2 章

1 定理 2.1 の証明と同様に行えばよい．以下に概要を示す．プリムのアルゴリズムの解を T とする．これが最小全域木でないとすると，これよりもコストの小さい最小全域木 T' が存在する．T はプリムのアルゴリズムの解なので，枝に選ばれた順番を付けることができる．この順序付けにおいて，T と T' で最初に異なる枝が最も遅いものを T' として選ぶことにする．

プリムのアルゴリズムが T' にはない枝を初めて選ぶ瞬間を考える（解図 2.1 参照）．この枝 e は，現在の連結成分 R と，連結成分外の 1 頂点 v とを結ぶ．T' の方でも R と v は繋がっているはずであるが，e 以外の枝を使って結ばれている（R ができるまでに選ばれている枝は T' にも選ばれているので，T' の方でも R が定義できることに注意して欲しい）．v から R へ枝をたどっていき，初めて R に入るときにたどる枝を e' とする．定理 2.1 の証明中の e_1 をこの e' に置きかえ，定理 2.1 の証明中の e_3 を上記の枝 e に置きかえて，場合分けを行えばよい．

$w(e) < w(e')$ の場合は，T' で e' を e に置きかえれば，T' よりもコストの小さい全域木が得られ，T' が最小コストであることに矛盾する．$w(e) =$

$w(e')$ の場合は，T' で e' を e に置きかえれば，T' の選び方に対する矛盾を導くことができる．$w(e) > w(e')$ の場合は，プリムのアルゴリズムは e を選ぼうとしているが，e より重みの小さい e' を見逃しているので，アルゴリズムの動作に矛盾する．

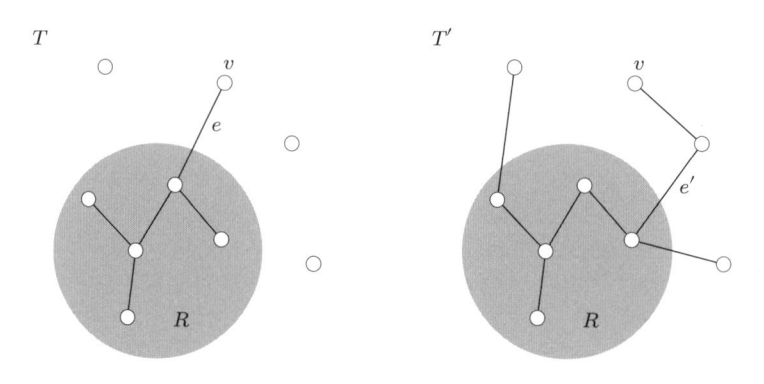

解図 2.1

2 以下の解図 2.2 のとおりである．

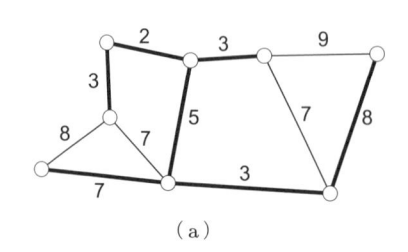

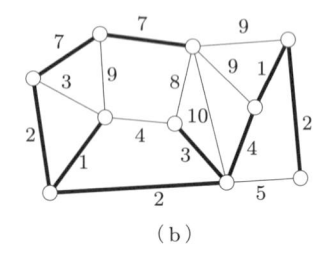

解図 2.2

3 以下の解図 2.3 のとおりである．

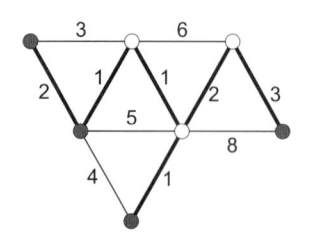

解図 2.3

3 章

1 以下の解図 3.1 のとおりである．

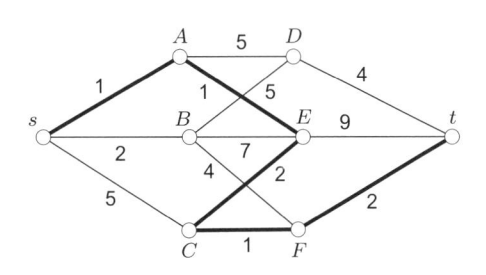

解図 3.1

2 ダイクストラのアルゴリズムでは，ステップ❸の (3-2) において $\delta(u)$ の値が更新された場合に，u のポインタを v に向け直していた．よって，$\delta(u) = \delta(v) + w(v, u)$ の場合には，ポインタの操作は何もしない．修正後のアルゴリズムでは，$\delta(u) = \delta(v) + w(v, u)$ の場合，古いポインタは残したままで，新たに u から v へポインタを張ることにする．これは，v から来る経路も，現在見つかっている暫定の最短経路と同じ長さで u に到達できることを意味する．最後に t から s へポインタを逆にたどる経路はすべて最短経路である．

3 以下の解図 3.2 のとおり．s から t への最短経路の長さは 6 で，三つの最短経路が存在する．

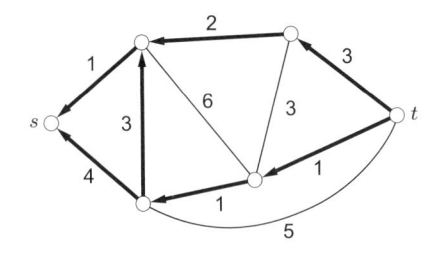

解図 3.2

4 章

1 以下のような例が考えられる.

(1)

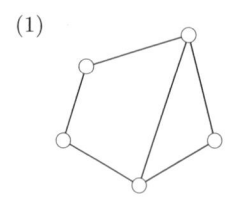

(2)

解図 4.1   解図 4.2

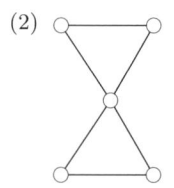

2 (略解) ディラックの定理の証明中,「枝 (v_1, v_i) と (v_{i-1}, v_n) の両方とも存在する i $(3 \leq i \leq n-1)$」の存在を示すため, $d(v_1) \geq n/2$ および $d(v_n) \geq n/2$ であるというディラック条件を使った. オアの定理の条件を使っても,この i の存在を示すことができる.

5 章

1 (1) 4   (2) 3
2 以下の解図 5.1 のような例が考えられる.

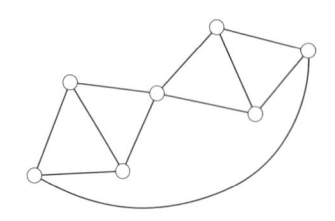

解図 5.1

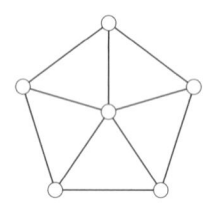

3 完全グラフも奇数長閉路も正則なので, G が正則でないとすると, G は完全グラフでも奇数長閉路でもない. したがって, ブルックスの定理から即座に $\Delta(G)$-頂点彩色可能であることが導かれる. また, 完全グラフでも奇数長閉路でもないが正則であるグラフ G が実際に存在する. この G に対しては, ブルックスの定理は $\Delta(G)$-頂点彩色可能であることを保証しているのに対して, 定理 5.2 は保証していない.
4 (1) たとえば, 図 5.10 のグラフは $\chi'(G) = \Delta(G) = 5$ である.
(2) 奇数長閉路は $\Delta(G) = 2$ だが $\chi'(G) = 3$ なので, $\chi'(G) = \Delta(G) + 1$ となる例である. なお, $\chi'(G) = 3$ となる理由は頂点彩色のときと同じである.

5 G は 2 部グラフなので，色 α の枝をたどると左側 (U 側) の頂点に，色 β の枝をたどると右側 (V 側) の頂点にたどり着く．したがって，$v\ (\in V)$ にたどり着くには色 β の枝でたどり着かなければならないが，仮定より v の周りには β が使われていないため不可能である．

6 章

1 残余ネットワークは解図 6.1 のとおり．増大道は解図 6.1 の破線で示した道である．

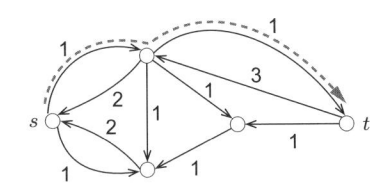

解図 6.1

2 5

3 以下の解図 6.2 のとおり．

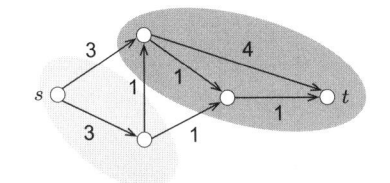

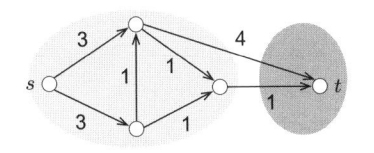

解図 6.2

7 章

1 以下の解図 7.1 のとおり．

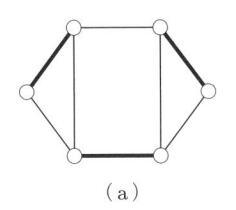

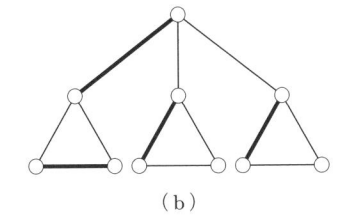

解図 7.1

2 以下の解図 7.2 のとおり.

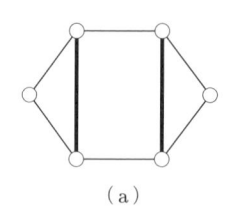

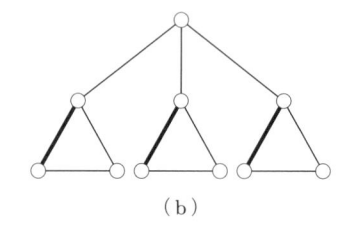

解図 7.2

3 以下の解図 7.3 のとおり．(例を三つ挙げている)

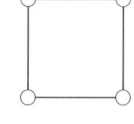

解図 7.3

4 グラフ G の最大マッチングの一つを M^* とする．M をサイズが $|M^*|/2$ 未満である G の任意のマッチングとすると，$(u, v) \in M^*$ だが M ではどちらもマッチしていない 2 頂点 u, v が存在する．したがって，$M \cup \{(u, v)\}$ も G のマッチングなので，M は極大ではない．この対偶をとれば，任意の極大マッチングはサイズが $|M^*|/2$ 以上であることがいえる．

5 $G = (U, V, E)$ を k–正則 2 部グラフとすると，$|E| = k|U| = k|V|$ なので $|U| = |V|$ である．S を U の任意の部分集合とする．S の各頂点にはそれぞれ k 本の枝が接続しており，これらの枝は合計 $k|S|$ 本ある．その枝はすべて $\delta(S)$ の頂点に接続しているが，$|\delta(S)| < |S|$ だとすると，$\delta(S)$ の中に次数が k を超える頂点が存在してしまうことになり，k–正則であることに矛盾する．したがって，$|\delta(S)| \geq |S|$ となり，G はホール条件を満たすので完全マッチングをもつ．

さくいん

英数字

1–頂点彩色問題　53
2–頂点彩色問題　53
2 部グラフ　17
3–頂点彩色問題　55
4 色定理　56
4 色問題　55
4–頂点彩色問題　55
5 色定理　56
k–正則グラフ　18
k–頂点彩色　50
k–頂点彩色可能　50
k–頂点彩色問題　52
k 部グラフ　18
k–辺彩色可能　59
NP 完全問題　45
NP 困難問題　32

あ 行

握手定理　7
枝　1
枝重み付きグラフ　4
オアの定理　46
オイラー回路　40
オイラーの公式　15
重み　4
重み付きグラフ　3

か 行

回路　8
カット　73
カット弧　73
完全 2 部グラフ　18
完全グラフ　19
完全マッチング　78
木　13
極大マッチング　78
距離　10
クラスカルのアルゴリズム　27
グラフ　1
グラフ化可能　19
グラフ化可能列　19
ケーニッヒの定理　61
弧　5
交互道　82
小道　8
孤立頂点　2

さ 行

最小カット　73
最小シュタイナー木問題　31
最小全域木　26
最小全域木問題　26
最大フロー　66
最大フロー・最小カットの定理　74
最大マッチング　78
最大流問題　65
最短経路　35
最短経路問題　34
残余ネットワーク　67
自己ループ　2
次数　7
次数列　19
シンク　64
正則グラフ　18
接続行列　6
接続している　5
節点　1
全域木　26
増大道　68, 82

ソース　64

た　行

ダイクストラのアルゴリズム　35
ターミナル　31
単純グラフ　2
頂　点　1
頂点重み付きグラフ　4
頂点彩色　49
頂点彩色数　50
ディラックの定理　46
同　型　2, 13
同型写像　13
貪欲アルゴリズム　30

な　行

長　さ　8
根　14
根付き木　14

は　行

葉　13
ハミルトン閉路　40
ハミルトン道　47
ハンガリー法　84
ビジングの定理　60
非連結　9
非連結グラフ　2
フォード−ファルカーソン法　67
部分グラフ　11
プリムのアルゴリズム　30
ブルックスの定理　51
フロー　65
フロー保存則　65

平面グラフ　15
平面的グラフ　15
並列枝　2
閉　路　8
辺　1
辺彩色　59
辺彩色数　59
補グラフ　12
星グラフ　61
歩　道　8
ホールの定理　80

ま　行

マッチしている　78
マッチング　76
道　8
無向グラフ　4
森　13

や　行

有向枝　5
有向グラフ　4
誘導部分グラフ　12
容　量　65
容量制限　65

ら　行

隣接行列　6
隣接している　5
隣接リスト　6
レオンハルト・オイラー　45
連　結　9
連結グラフ　2
連結成分　2

著者略歴

宮崎 修一（みやざき・しゅういち）
- 1993 年　九州大学 工学部 情報工学科 卒業
- 1995 年　九州大学 大学院工学研究科 情報工学専攻 修士課程修了
- 1998 年　九州大学 大学院システム情報科学研究科 情報工学専攻
　　　　　博士後期課程修了（博士（工学））
- 1998 年　京都大学 大学院情報学研究科 通信情報システム専攻 助手
- 2002 年　京都大学 学術情報メディアセンター 助教授
- 2007 年　京都大学 学術情報メディアセンター 准教授
- 2022 年　兵庫県立大学 情報科学研究科／社会情報科学部 教授
　　　　　現在に至る

編集担当	田中芳実・富井 晃（森北出版）
編集責任	石田昇司（森北出版）
組　版	プレイン
印　刷	創栄図書印刷
製　本	同

グラフ理論入門— 基本とアルゴリズム　　　Ⓒ 宮崎修一　2015

2015 年 6 月 30 日　第 1 版第 1 刷発行　　【本書の無断転載を禁ず】
2024 年 3 月 8 日　第 1 版第 6 刷発行

著　者　宮崎修一
発行者　森北博巳
発行所　森北出版株式会社
　　　　東京都千代田区富士見 1-4-11（〒102-0071）
　　　　電話 03-3265-8341／FAX 03-3264-8709
　　　　https://www.morikita.co.jp/
　　　　日本書籍出版協会・自然科学書協会　会員
　　　　JCOPY　＜（一社）出版者著作権管理機構　委託出版物＞

落丁・乱丁本はお取替えいたします．

Printed in Japan／ISBN978-4-627-85281-5

MEMO

MEMO

MEMO

MEMO

MEMO

MEMO